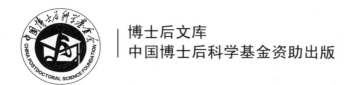

博士后文库
中国博士后科学基金资助出版

山里红活性成分高效
分离与利用

罗 猛 著

"十三五"国家重点研发计划项目（2016YFD0600805）资助
黑龙江省博士后科研启动金项目（LBH-Q13003）资助
中央高校基本科研业务费专项资金项目（2572014CA08）资助

U0263650

北 京

内 容 简 介

山里红为蔷薇科山楂属落叶乔木，是山楂的一个变种。为了更有效地利用山里红资源，本书从山里红的检测方法、药材采收、新剂型制备到降血脂活性等方面，系统地阐述了山里红的研究历程，并通过这些技术和方法，实现了山里红活性成分的高效分离与利用。本书可为山里红资源的综合利用和深入开发提供科学依据，同时也为中药现代化研究提供思路。

本书可供山里红加工利用的相关企业和研发人员，以及从事药用植物资源开发的相关研究人员参考。

图书在版编目（CIP）数据

山里红活性成分高效分离与利用/罗猛著. —北京：科学出版社，2019.5
（博士后文库）
ISBN 978-7-03-060889-5

Ⅰ. ①山⋯ Ⅱ. ①罗⋯ Ⅲ. ①山里红–生物活性–分离–研究 ②山里红–综合利用–研究 Ⅳ. ①S661.5

中国版本图书馆 CIP 数据核字(2019)第 050381 号

责任编辑：张会格 付 聪 / 责任校对：郑金红
责任印制：肖 兴 / 封面设计：刘新新

科学出版社 出版
北京东黄城根北街 16 号
邮政编码：100717
http://www.sciencep.com
中国科学院印刷厂 印刷
科学出版社发行 各地新华书店经销
*
2019 年 5 月第 一 版 开本：720×1000 1/16
2019 年 5 月第一次印刷 印张：8 1/2
字数：201 000
定价：118.00 元
（如有印装质量问题，我社负责调换）

《博士后文库》编委会名单

《博士后文库》序言

1985 年，在李政道先生的倡议和邓小平同志的亲自关怀下，我国建立了博士后制度，同时设立了博士后科学基金。30 多年来，在党和国家的高度重视下，在社会各方面的关心和支持下，博士后制度为我国培养了一大批青年高层次创新人才。在这一过程中，博士后科学基金发挥了不可替代的独特作用。

博士后科学基金是中国特色博士后制度的重要组成部分，专门用于资助博士后研究人员开展创新探索。博士后科学基金的资助，对正处于独立科研生涯起步阶段的博士后研究人员来说，适逢其时，有利于培养他们独立的科研人格、在选题方面的竞争意识以及负责的精神，是他们独立从事科研工作的"第一桶金"。尽管博士后科学基金资助金额不大，但对博士后青年创新人才的培养和激励作用不可估量。四两拨千斤，博士后科学基金有效地推动了博士后研究人员迅速成长为高水平的研究人才，"小基金发挥了大作用"。

在博士后科学基金的资助下，博士后研究人员的优秀学术成果不断涌现。2013年，为提高博士后科学基金的资助效益，中国博士后科学基金会联合科学出版社开展了博士后优秀学术专著出版资助工作，通过专家评审遴选出优秀的博士后学术著作，收入《博士后文库》，由博士后科学基金资助、科学出版社出版。我们希望，借此打造专属于博士后学术创新的旗舰图书品牌，激励博士后研究人员潜心科研，扎实治学，提升博士后优秀学术成果的社会影响力。

2015 年，国务院办公厅印发了《关于改革完善博士后制度的意见》（国办发〔2015〕87 号），将"实施自然科学、人文社会科学优秀博士后论著出版支持计划"作为"十三五"期间博士后工作的重要内容和提升博士后研究人员培养质量的重要手段，这更加凸显了出版资助工作的意义。我相信，我们提供的这个出版资助平台将对博士后研究人员激发创新智慧、凝聚创新力量发挥独特的作用，促使博士后研究人员的创新成果更好地服务于创新驱动发展战略和创新型国家的建设。

祝愿广大博士后研究人员在博士后科学基金的资助下早日成长为栋梁之才，为实现中华民族伟大复兴的中国梦做出更大的贡献。

中国博士后科学基金会理事长

前　言

　　山里红（*Crataegus pinnatifida* Bge. var. *major* N. E. Brown）是蔷薇科山楂属植物，为山楂的变种，其叶片是《中华人民共和国药典》（2015 年版）山楂叶项下的原药材之一。然而以往对山里红的研究较少，且多以果实为研究对象进行食品开发，山里红叶往往成为农林废弃物。而事实上，山里红叶中有很多黄酮类、酚类成分，具有很好的药理活性。随着人们生活水平的提高，拥有良好活性成分的植物天然产物越来越受到人们的关注，发展前景广阔。

　　为了更有效地利用山里红资源，首先，本书应用现代分离分析技术，系统地研究了山里红活性成分的高效液相色谱法（HPLC）分析、主要有效成分化学转化和高效提取，形成了完备的标准提取物制备工艺，为山里红提取物活性评估的深入研究奠定基础。其次，本书针对山里红叶中总黄酮的季节动态进行了研究，明确了山里红的采收季节和采收部位，为山里红资源的合理开发和综合利用奠定基础。而后，采用 1,1-二苯基-2-三硝基苯肼（DPPH）自由基清除能力、2,2-联氮-二(3-乙基-苯并噻唑-6-磺酸)二铵盐（ABTS$^+$）清除能力和铁离子还原能力等实验，系统地研究了山里红提取物的抗氧化活性，并首次采用鸡胚绒毛尿囊膜实验评价了山里红转化物促进血管生成的活性。在此基础上，本书进一步采用超临界二氧化碳反溶剂法制备山里红转化物超细微粉，并开展体内生物利用度检测和降血脂药理活性研究，为山里红的高效利用和深入开发奠定了坚实的理论基础和技术储备。本书从山里红采收标准到质量控制、从标准提取物生产到新剂型制备工艺，从初步抗氧化活性到促血管生成活性评价，从体内生物利用度到降血脂活性研究，系统地阐述了山里红的研究历程，可为山里红相关药物及制剂的研发提供理论基础，也可为山里红加工利用的相关企业和研发人员提供技术支撑。

　　在我学术研究过程中，得到了我的导师——东北林业大学森林植物生态学教育部重点实验室祖元刚教授、台湾大学森林环境暨资源学系张上镇教授、美国康奈尔大学 Susheng Gan 教授的提携和指导，特致最诚挚的谢意！研究团队的宋卓悦、乔琪、胡娇阳、杨璇、阮鑫、邢文淼、陈民等研究生参与了本书的研究和校对工作，在此一并感谢！本研究得到了"十三五"国家重点研发计划项目"林源活性成分高效修饰与制剂制备关键技术"（2016YFD0600805）、黑龙江省博士后科研启动金项目"黑龙江省典型山楂属植物资源品质评价及其主要活性成分高效转化关键技术研究"（LBH-Q13003）、中央高校基本科研业务费专项资金项目"山里红活性成分组织分布、累积动态特征与气候因子相关性分析"（2572014CA08）资助，在此表示衷心的感谢！最后，衷心感谢中国博士后科学基金资助本书出版！

　　由于笔者学识和能力有限，书中不足之处在所难免，恳请各位读者不吝赐教！

罗　猛

2018 年 5 月于哈尔滨

目　　录

第 1 章 概　　述

1.1 山里红形态及分布

山里红（*Crataegus pinnatifida* Bge. var. *major* N. E. Brown）为蔷薇科山楂属落叶乔木，是山楂的一个变种（国家药典委员会，2015）（图1-1）。

图 1-1 山里红

山里红是果树，也是观赏植物。伞状花序，小花 10～12 朵，白色或淡红色。雄蕊 5～25，大部分与花托合生，仅先端和腹面分离（图 1-2）。子房下位至半下位，每室具 2 胚珠，其中 1 个常不发育。梨果，先端有宿存萼片，心皮 1～5，心皮成熟时为骨质，呈小核状，各具种子。种子直立，扁，子叶平凸。花期 5～6 月，果期 7～10 月（中国科学院中国植物志编辑委员会，2004；吴征镒，1990）。秋季果实成熟时采收，切片、干燥。果实外皮红色，具皱纹，有灰白色小斑点，果肉深黄色至浅棕色，中部横切片具 5 粒浅黄色果核，但核多脱落而中空。有的横切片上可见短而细的果梗或花萼残迹。果实气微清香，味酸、微甜。

山里红干燥叶完整展开后呈宽卵形，长 6～12cm，宽 5～8cm，绿色至棕黄色，先端渐尖，基部宽楔形，具 2～6 羽状裂片，边缘具尖锐重锯齿（图 1-3）；叶柄长 2～6cm；托叶卵圆形至卵状披针形。

图 1-2　山里红花

图 1-3　山里红叶

　　山里红可消食健胃、行气散瘀、化浊降脂，是《中华人民共和国药典》（2015年版）山楂叶项下的原药材之一，也是卫生部批准的药食同源新食品原料。可用于肉食积滞、胃脘胀满、泻痢腹痛、瘀血经闭、产后瘀阻、心腹刺痛、胸痹心痛、疝气疼痛、高脂血症等，具有降血压、降血脂、抗肿瘤、抗菌、抗氧化、抗衰老等功效。

山里红分布于黑龙江、吉林、辽宁、内蒙古、河北、河南、山东、山西、陕西、江苏等省区。生于山坡林边或灌木丛中，海拔 100～1500m。山里红由于适应性强，病虫害少，不需要精细管理，在全国各地都有栽培，且北方比南方多，已有 3000 多年的栽培历史。

1.2　山里红活性成分研究进展

刘荣华和余伯阳（2006）采用硅胶柱色谱、大孔树脂柱色谱和 Sephadex LH-20 柱色谱等技术对山里红活性成分进行分离纯化，并根据理化性质和光谱数据进行结构鉴定，得到 14 个化合物，分别为槲皮素（1）、金丝桃苷（2）、槲皮素-3-O-β-D-葡萄糖苷（3）、芦丁（4）、槲皮素-3-O-[α-L-鼠李糖(1-4)-α-L-鼠李糖(1-6)-β-葡萄糖苷]（5）、牡荆素（6）、6″-O-乙酰基牡荆素（7）、牡荆素-2″-O-鼠李糖苷（8）、牡荆素-4″-O-葡萄糖苷（9）、绿原酸（10）、乌苏酸（11）、β-谷甾醇（12）、β-胡萝卜素（13）、正三十烷醇（14）。化合物 5 和 14 为首次从该属植物中分离得到。

韩春辉等（2012）用大孔树脂、硅胶柱色谱、聚酰胺柱色谱、薄层色谱、葡聚糖凝胶柱色谱等技术对山里红活性成分进行分离纯化，并利用高效液相色谱技术和核磁共振对山里红中的成分进行结构鉴定得到的牡荆素-2″-O-鼠李糖苷及牡荆素-4″-O-葡萄糖苷，经高效液相色谱归一化法测定，这两种化合物的纯度可达 99%。

1.2.1　黄酮类化合物

黄酮类化合物是一类以 2-苯基色原酮为基本母核的化合物，广泛存在于天然药用植物中。黄酮类化合物的分子中一般有一个酮式羰基，第一位上的氧原子具有碱性，能与强酸反应生成盐，其羟基衍生物一般都有颜色，而且多数为浅黄色或黄色结晶，故称为黄酮。黄酮类化合物在天然药用植物体内通常与糖结合形成苷类，另有很小一部分以游离态的苷元形式存在。黄酮类化合物在植物的生长、发育、开花、结果过程中起着非常重要的作用（张鞍灵等，2000）。黄酮类化合物具有多方面的药理活性，如治疗冠心病，扩张冠状动脉，保护缺血性脑损伤，抗菌，抗病毒，抗肿瘤，降血脂，镇痛，抗氧化等（赵军，2003）。邵峰等（2015）比较了不同产地山里红、野山楂中总黄酮、总有机酸的含量。他们采用紫外分光光度法，以芦丁为对照品，在检测波长 499nm 处，测定不同产地山里红、野山楂中的总黄酮含量；采用酸碱滴定法，以酚酞为指示剂，测定不同产地山里红、野山楂中的总有机酸含量。测定结果显示，山里红中总黄酮含量为 2.93%～6.39%，其中以山东省潍坊市临朐县出产的山里红含量最高；总有机酸为 7.75%～14.00%，其中以山东省淄博市沂源县和河北省承德市兴隆县出产的山里红含量最高。野山楂中总黄酮含量为2.24%~10.92%，总有机酸含量为0.75%~3.35%，上述两类成分均以湖北省十堰市出产的野山楂含量最高。经分析比较，山里红中总黄酮含量明显低于总有机酸含量，而野山楂正好相反。该研究为完善现有的山楂质量评价体系提供了参考。

采用分光光度法，以芦丁为对照品，应用亚硝酸钠-硝酸铝-氢氧化钠进行显色反应，在510nm波长处测定辽宁产鲜品山里红中总黄酮的含量。结果显示，山里红新鲜果实样品中总黄酮含量为0.40%~1.81%。该研究可用于山里红的质量控制，为山里红资源的综合应用提供参考（刘倩等，2017）。

杨丽和李海日（2008）对山里红叶的黄酮类成分进行了研究，从中分离出6种黄酮结晶单体，即结晶 Ⅰ～Ⅵ，其中，结晶 Ⅱ 和 Ⅴ 经光谱分析、酸水解及理化常数测定，分别鉴定为槲皮素和金丝桃苷；结晶Ⅲ和Ⅳ为 C 键黄酮类化合物，其结构正在鉴定之中。

罗猛等（2016）研究了山里红中总黄酮含量随季节更替动态变化的规律，明确了影响其总黄酮含量的气候因子。该研究采收 2013 年 5～10 月的山里红，采用超声辅助提取法从山里红中提取总黄酮，三氯化铝比色法检测总黄酮的含量，并对山里红叶总黄酮含量与气候因子进行了相关性分析。分析结果显示，山里红不同月份总黄酮含量差异较大，9 月山里红叶黄酮类成分的含量最高，为 31.52mg/g。对 9 月山里红叶总黄酮含量与气候因子的相关性分析显示，总黄酮含量与温度相关性显著。综合考虑，选择 9 月为山里红叶的最佳采收期。该结果可为山里红叶总黄酮的深入开发利用奠定理论基础。

刘荣华和余伯阳（2007）研究了山楂（山里红）叶中总黄酮含量的测定方法。该研究选择山里红叶中某一特定化学成分（牡荆素-2″-O-鼠李糖苷），通过比较该成分与总黄酮的含量关系，计算其比值，以该比值为换算因子，根据测定该成分的含量推算出山里红叶中总黄酮的含量。不同产地、不同采收期 16 个山里红叶样品中牡荆素-2″-O-鼠李糖苷与总黄酮的含量呈极显著正相关（$r=0.950$，$P<0.01$），且总黄酮与牡荆素-2″-O-鼠李糖苷的含量的比值（换算因子）为 1.9493±0.2002。可以将牡荆素-2″-O-鼠李糖苷的含量乘以换算因子求算出山里红叶中总黄酮的含量。

同一苯环上含有若干个酚性羟基，这类化合物为酚酸类化合物。酚酸类化合物多为对羟基苯甲酸和对羟基苯丙烯酸的衍生物，如对羟基苯甲酸、绿原酸、原儿茶酸、没食子酸、阿魏酸、咖啡酸、香豆酸、香草酸和芥子酸等。由于它们含有酚羟基或苯烯结构，使其具有显著的抗氧化生物活性和药理活性，如清除自由基、抗紫外线辐射、抗病毒和抑菌作用等（齐桂平，2010）。赵权（2013）以山里红叶为实验材料，研究了不同生长期山里红叶片绿原酸含量的变化。结果表明，山里红叶中绿原酸含量呈现先增长后下降的趋势，即从 7 月 25 日开始呈增加的变化趋势，至 8 月 10 日达到最大（240.5μg/g），然后开始下降，至 9 月 27 日达到最低值（90.4μg/g）。

1.2.2 有机酸类化合物

山里红中含有的有机酸大部分为不饱和脂肪酸，如齐墩果酸、酒石酸、柠檬酸及甲酸、山楂酸、棕榈酸、丙酮酸、硬脂酸、延胡索酸、枸橼酸、乌苏酸、乙二酸、油酸、苹果酸、琥珀酸、亚麻酸、亚油酸、奎宁酸、赤霉素、抗坏血酸等（靳庆霞，2014；何雅君等，2012；王春雷等，2010）。不饱和脂肪酸具有调节血压、清理血栓、免疫调节、维护视网膜、提高视力、补脑健脑、改善关节炎症状、减轻疼痛等功能（林杰，2013）。

以山里红果肉与核为原料，采用索氏提取法对山里红果肉与核的脂肪酸进行提取，并应用气相色谱-质谱法对山里红果肉与核中脂肪酸成分进行分析比较。色谱条件：色谱柱为 HP-5 25m×0.20mm×0.33m 弹性石英毛细管柱；进样口温度300℃；程序升温 100～280℃（保持 10min），升温速率为 10℃/min；分流比 50∶1；进样量 0.4μl，载气流量 1ml/min。质谱条件：电子轰击源，离子源温度为 230℃，电离电压为 70eV，电子倍增器电压为 1988V，发射电流为 34.6μA，接口温度为 230℃，质量范围为 20～500m/z。结果表明，山里红果肉与核中的脂肪酸均以不饱和脂肪酸为主（魏威等，2009）。

山里红中主要有 5 种三萜类化合物，即环阿屯烷型、乌苏烷型、羊毛脂烷型、齐墩果烷型和羽扇豆烷型。环阿屯烷型如环阿屯醇（cycloartenol），乌苏烷型如乌苏酸（ursolic acid），羊毛脂烷型如牛油果醇（butyrospermol），齐墩果烷型如齐墩果酸（oleanolic acid）、山楂酸（maslinic acid），羽扇豆烷型如白桦脂醇（betulin）。三萜类化合物具有抗炎、抗癌、抗病毒和抗生育等活性，此外三萜类化合物在降血压、降血脂、改善心肌缺血、降低胆固醇、抗脂质过氧化等方面也有明显的效果（寇云云，2012）。

1.2.3 其他成分

山里红中还含有少量的甾体类成分，如 β-谷甾醇、β-胡萝卜素、豆甾醇等（陈佳和宋少江，2005）；有机胺类成分，如乙酰胆碱、三甲胺、乙胺、异戊胺等（高光跃和马毓秀，1995）；氨基酸类成分，如丙氨酸、谷氨酸、瓜氨酸、肌氨酸、脯氨酸、缬氨酸、甘氨酸、天冬酰胺酸、甲硫氨酸和天冬氨酸等。另外，山里红中还含有丰富的微量元素，如 Ca、Fe、Zn、Mg、Cu、Mn 等（耿慧春等，2009）。

杜娟和张楠楠（2008）探讨了应用硫酸-苯酚法对总糖含量进行分析测定，得到的山里红多糖含量较高，达到了 80.25%。硫酸-苯酚测定多糖方法简便可靠，可适用于山里红中总糖含量测定。

1.3　山里红成分分离及检测分析研究进展

1.3.1　山里红成分分离研究进展

赵立辉（2009）采用大孔吸附树脂 AB-8、FL-l、FL-2、FL-3 和聚酰胺进一步精制初步纯化物。通过静态吸附和脱吸附实验对比了 AB-8、FL-l、FL-2、FL-3 和聚酰胺等的性能，其中 FL-3 和 AB-8 树脂的效果较好。选择 FL-3 和 AB-8 树脂考察了动态吸附和洗脱过程中的各影响因素，得到最佳的操作条件下，纯化后样品纯度为 86.6%，产品质量为 0.143g，产品回收率为 85.0%。AB-8 树脂最佳操作条件下，纯化后样品纯度为 85.0%，产品质量为 0.158g，产品回收率为 80.0%。比较水-乙醇-无机盐双水相体系和水-聚乙二醇（PEG）-无机盐双水相体系的纯化效果，发现两种体系中，水-乙醇-硫酸铵体系和水-PEG-硫酸铵体系的分相效果较好。用水-乙醇-硫酸铵体系和水-PEG-硫酸铵体系进行纯化，结果是水-乙醇-硫酸铵体系得到的纯化后样品纯度最高，达到了 50.9%，回收率为 81.6%；水-乙醇-硫酸铵体系得到最高的回收率为 89.2%，纯化后样品纯度为 47.6%，该体系后续操作较烦琐；水-PEG-硫酸铵体系对提取物纯化后产品纯度为 54.3%，回收率为 93.0%，效果稍好于水-乙醇-硫酸铵体系，但 PEG 价格高于乙醇。

1.3.2　山里红活性成分检测分析研究进展

黄酮类化合物是山里红叶生理活性的主要成分，包括牡荆素-4″-O-葡萄糖苷、牡荆素等，其中牡荆素-4″-O-葡萄糖苷在山里红叶中含量较高。测定承德地区不同采收期山里红叶中牡荆素-4″-O-葡萄糖苷的含量，得出 5~10 月承德不同产地山里红叶中牡荆素-4″-O-葡萄糖苷的含量均值:滦平县 3.00mg/g、双桥区 4.00mg/g、承德县 2.84mg/g。承德地区山里红叶中牡荆素-4″-O-葡萄糖苷的含量在 8 月达到最高，为最佳采收期，以承德市双桥区产的山里红叶中牡荆素-4″-O-葡萄糖苷含量最高（杜义龙等，2016）。

李云兴等（2010）比较了山里红叶不同采收期总黄酮的含量及牡荆素-2″-O-鼠李糖苷的含量，确定了山里红叶最佳采收期。通过正交试验筛选工艺，采用紫外分光光度法（检测波长 509nm）测定不同采收期山里红叶中总黄酮类化合物的含量；采用 HPLC 测定不同采收期山里红叶中单体有效成分牡荆素-2″-O-鼠李糖苷的含量，色谱柱为 Diamonsil C$_{18}$（150mm×4.6mm，5μm）；流动相 A 为乙腈-四氢呋喃（97∶3）；流动相 B 为 1%磷酸水溶液，梯度洗脱，流速为

1ml/min；柱温为室温；对照品为牡荆素-2″-O-鼠李糖苷；进样量 10μl。综合考虑在 1~23 周的取样周期内，山里红叶的总黄酮与牡荆素-2″-O-鼠李糖苷的含量以 7~9 月较高。通过实验确定了 7~9 月为山里红叶最佳采收期，为科学合理采收山里红叶提供了科学依据。

于晓瑾等（2011）建立了山里红叶提取物中牡荆素-2″-O-鼠李糖苷、金丝桃苷、芦丁含量的测定方法。采用 HPLC，用 Hypersil ODS2 C$_{18}$ 色谱柱（200mm×5mm，5μm），以甲醇-0.1%磷酸溶液（40：60）为流动相；流速 1.0ml/min；检测波长 359nm；柱温 35℃。该方法线性关系良好，平均加样回收率（$n = 6$）为牡荆素-2″-O-鼠李糖苷 101.2%（相对标准偏差=2.3%）、金丝桃苷 96.9%（相对标准偏差=1.8%）、芦丁 98.9%（相对标准偏差=2.6%）。该方法操作简单，分离效果好，结果准确，专属性强，可有效测定山里红叶提取物中牡荆素-2″-O-鼠李糖苷、金丝桃苷、芦丁的含量。

杜义龙等（2016）用 HPLC 同时测定承德地区山里红叶中绿原酸和牡荆素-2″-O-鼠李糖苷的含量。采用 AgiLent ZORBAX SB-C$_{18}$ 色谱柱（250mm×4.6mm，5μm）；以乙腈-0.1%甲酸水溶液-四氢呋喃为流动相梯度洗脱；检测波长 340nm；检测时间 50min；流速 1.0ml/min；柱温 30℃；进样量 10μl。15 批承德山里红叶样品中绿原酸和牡荆素-2″-O-鼠李糖苷的线性范围分别为 2.56~410mg/L 和2.51~400mg/L，R^2 分别为 0.9999 和 0.9998；平均加样回收率分别为 99.8%（相对标准偏差=0.48%）和 99.7%（相对标准偏差=0.77%）。该方法准确可靠，重现性好，可用于山里红叶的质量控制。

邵峰等（2014）采用 HPLC 测定不同产地山里红中表儿茶素含量的结果显示，山里红中表儿茶素含量在 0.04%~0.21%。其中，山东省青州市出产的山里红中表儿茶素含量最高，山西省运城市绛县出产的山里红中表儿茶素含量最低。该研究为建立山里红质量控制方法提供了参考。

英锡相（2007）建立的超高效液相色谱-串联质谱法测定大鼠血浆中牡荆素-2″-O-鼠李糖苷的分析方法，专属性强，灵敏度高，分析速度快，有良好的精密度及准确度，非常适用于牡荆素-2″-O-鼠李糖苷药代动力学研究。样品仅需一步萃取，操作简单，定量下限为 10ng/ml，检测限可达 2ng/ml，每个样品分析时间仅需 3.0min，为研究山里红叶提取物及活性成分在大鼠体内药代动力学提供了可靠的分析手段。实验结果表明：牡荆素-2″-O-鼠李糖苷在大鼠体内 360min 内基本消除，灌胃给药牡荆素-2″-O-鼠李糖苷与给药山里红叶提取物相比，血浆中检测到牡荆素-2″-O-鼠李糖苷浓度较低，药峰浓度（peak concentration，C_{max}）和药时曲线下面积较小，达峰时间和其他药代动力学参数与提取物给药基本一致。牡荆素-2″-O-鼠李糖苷在大鼠血浆中药时曲线符合二室模型的一级吸收。

1.4　山里红提取物药理作用研究进展

1.4.1　降血脂

田影等（2011）研究了山里红冲剂的抗氧化及降血脂作用。该研究将山里红果实经过浸提、浓缩、调配、烘干等工艺加工成山里红冲剂；以超氧阴离子自由基（$\cdot O_2^-$）清除力、羟自由基（$\cdot OH$）清除力和总还原力为评价指标，研究了不同浓度山里红冲剂的体外抗氧化作用；采用高脂饲料喂养小鼠建立高血脂模型，以山里红冲剂 0.9g/kg、1.8g/kg、3.6g/kg 剂量给小鼠灌胃，1 次/天，连续灌胃 35 天后测定小鼠血清总胆固醇（total cholesterol，TC）、甘油三酯（triglyceride，TG）和高密度脂蛋白胆固醇（high density lipoprotein-cholesterol，HDL-C）含量，并设置空白对照组和降脂宁药物阳性对照组。结果表明：山里红冲剂的体外抗氧化作用明显，且浓度在实验范围内与抗氧化活性呈正相关；山里红冲剂对小鼠的体重增加无明显影响；与高脂模型组比较，山里红冲剂能够降低高血脂小鼠血清 TC、TG 含量，高剂量组作用尤其明显（$P < 0.05$），且能够升高 HDL-C 含量。山里红冲剂能够提高抗氧化能力，降低高脂小鼠血脂水平。

李廷利和张齐家（1999）发现山里红水浸膏能通过降低实验动物的血液黏度，抑制血小板血栓的形成及抑制凝血过程的早期和后期，使实验动物体外形成的血栓长度缩短，干、湿重量明显减轻。

张文洁等（2008）筛选了山里红叶抗高血脂性脂肪肝活性部位。采用高血脂脂肪肝模型，对模型组与正常组及给药组的生理状况、肝体比、生化检测指标（TC、TG）及肝脂变率进行了比较，并结合肝脏病理检查研究了山里红叶提取物抗脂肪肝作用。模型组与正常组及各给药组比较，肝体比有显著性差异（$P < 0.05$），血清 TC 及 TG 均显著高于正常组（$P < 0.05$），给药组肝脏病理学检查有明显改善。山里红叶 70%乙醇提取物用正丁醇萃取部位有明显抗脂肪肝作用。

周少英等（2016）研究了山楂叶总黄酮（hawthorn leaves flavonoids，HLF）对 2 型糖尿病大鼠调节血脂和抗氧化能力的改善作用。采用腹腔注射链脲佐菌素（STZ，60mg/kg）破坏胰岛 β 细胞的方法诱导制备实验性 2 型糖尿病大鼠模型，取 80 只模型大鼠根据血糖水平随机分为模型组、盐酸二甲双胍（200mg/kg）治疗组、HLF 低剂量（50mg/kg）组、HLF 中剂量（100mg/kg）组和 HLF 高剂量（200mg/kg）组，并另设正常对照组。认定造模成功后，各治疗组大鼠每天灌胃给药 1 次，疗程 6 周。给药前和给药后每两周测定一次血糖；6 周后，检测血清血脂指标；通过苏木精-伊红染色观察肝脏和心肌组织形态结构的变化，测定了肝脏和心肌组织中抗氧化酶活性和丙二醛（MDA）含量。与模型组比较，治疗后，HLF 中剂量组和高剂量组大鼠空腹血糖水平显著降低（$P<0.05$），血清 TC、TG、低密度脂蛋白胆固醇（low density lipoprotein-cholesterol，LDL-C）含量明显降低，肝脏和心肌组织中超氧化物歧化酶（SOD）、过氧化氢酶（CAT）活性明显提高，MDA 含量明显降低；HLF 高剂量组大鼠血清 HDL-C 含量显著升高（$P<0.05$），肝脏和心肌组织中谷胱甘肽过氧化物酶（GSH-Px）活性显著提高（$P<0.05$）；HLF 各剂量组大鼠肝脏和心肌组织病变呈不同程度减轻，其中以 HLF 高剂量组效果最为显著。表明 HLF 能够有效改善 2 型糖尿病大鼠的血糖血脂和抗氧化能力。

何蓓晖等（2017）探讨了山楂叶总黄酮对非酒精性脂肪性肝病（NAFLD）大鼠的治疗作用及其机制。将 SD 大鼠随机分为正常组，模型组，山楂叶总黄酮高、中、低剂量组，共 5 组，高脂膳食建立 NAFLD 大鼠模型。苏木精-伊红染色、油红 O 染色观察肝脏病理变化；生化仪检测血清血脂等；逆转录聚合酶链反应（RT-PCR）检测肝组织法尼基衍生物 X 受体（FXR）、过氧化物酶体增殖物激活受体 α（PPAR-α）、过氧化物酶体增殖物激活受体 γ 辅激活子 1α（PGC-1α）、胆固醇 7α-羟化酶（CYP7A1）等的 mRNA 表达。Western Blot 法检测肝脏上述各项基因的蛋白质表达，与模型组比较，应用山楂叶总黄酮干预后，肝组织 TG、总胆固醇含量显著降低（$P<0.05$），同时能增强肝脏 FXR、PPAR-α、PGC-1α mRNA 和蛋白质的表达。也有研究发现，山楂叶总黄酮可调节 NAFLD 大鼠肝脏的脂质代谢，改善炎性反应状态，其机制可能与调控 FXR 相关基因有关（英锡相，2007）。

1.4.2 治疗心肌缺血

于晓瑾等（2016）观察了黑龙江地产山里红叶醇提液对大鼠结扎造模后引起心肌缺血的血流动力学变化及注射异丙肾上腺素引起急性心肌缺血血小板凝聚的影响。结扎造模建立急性心肌缺血大鼠模型，分别测定了动脉收缩压（ASP）、动脉舒张压（ADP）、心率（HR）、左室收缩压（LVSP）、左室舒末压（LVEDP）、左室内压最大上升速率（+dp/dt max）和左室内压最大下降速率（–dp/dt max）。以异丙肾上腺素建立大鼠急性心肌缺血模型，用血小板聚集仪测定血小板聚集率。黑龙江地产的山里红叶醇提液高剂量组可显著升高 ASP、ADP、LVSP、+dp/dt max 和 HR，降低 LVEDP 和–dp/dt max，差异均有统计学意义（$P<0.05$）。中剂量组除了对 ADP 影响较弱外，其余指标差异均有统计学意义（$P<0.05$）；低剂量组仅能对 ASP、LVSP、±dp/dt max 起到明显作用，差异均有统计学意义（$P<0.05$），其余则效果不明显。在测定 1min、5min 和最大的聚集率时，山里红叶醇提液高、

中剂量组均显著抑制血小板凝聚，差异均有统计学意义（$P<0.05$）。表明黑龙江地产山里红叶醇提液可改善急性心肌缺血大鼠的血流，减少缺血后血小板凝聚。

于晓瑾等（2015）观察了山里红叶醇提液对异丙肾上腺素诱导的大鼠急性心肌缺血的保护作用并初步探讨了其作用机制。用皮下多点注射异丙肾上腺素引起大鼠急性心肌缺血，测定了血清中谷草转氨酶（AST）、肌酸激酶（CK）、乳酸脱氢酶（LDH）、羟丁酸脱氢酶（HBDH）、SOD 的活性及血清 MDA 水平。结果表明，山里红叶醇提液能抑制异丙肾上腺素诱导的大鼠血清中 AST、CK、LDH、HBDH 的活性及升高血清 SOD 的活性，降低血清 MDA 的含量。说明山里红叶醇提液对大鼠异丙肾上腺素引起心肌缺血的关键酶有一定的保护作用。

应用八木氏离体蛙心灌流方法，观察和分析了山楂叶中黄酮苷对离体蛙心的作用及机理。结果表明，山楂叶的黄酮苷对离体蛙心具有明显的正性肌力作用，并可增强肾上腺素的正性肌力。说明黄酮苷的正性肌力作用与 B 类 1 型清道夫受体（B1 受体）及 Ca^{2+} 通道有关（李钦章和陈小佳，1996）。

杨连荣等（2012）开展了山里红叶总黄酮对小鼠常压耐缺氧实验方法的研究。取小白鼠 120 只，其中，雌白鼠 60 只，雄白鼠 60 只，将小白鼠随机分为 6 组，每组 20 只，雌雄各 10 只，即山里红叶总黄酮高、中、低剂量组，刺五加注射组（阳性对照），模型对照组（给予等量的生理盐水），空白对照组（给予等量的生理盐水）。采用灌胃给药，每天给药 1 次，连续给药 7 天。末次给药 30min 后，除空白对照组外，其余各组均皮下注射 20mg/kg 异丙肾上腺素。15min 后，将小鼠放入装有 10g 钠石灰的磨口广口瓶中，塞上瓶塞后立即用秒表记录小鼠至死亡的时间。山里红叶总黄酮各剂量及刺五加注射液组与模型组比较的结果显示，小鼠存活时间都有延长，其中山里红叶总黄酮高、中剂量组差异均极显著（$P<0.01$）。山里红叶总黄酮能延长心肌耗氧小鼠在缺氧状态下的存活时间，表明山里红叶总黄酮具有降低心肌耗氧量的作用。

1.4.3　抑制细胞损伤

刘荣华等（2008）比较了山里红叶中多元酚类成分对大鼠中性粒细胞呼吸爆发的抑制活性。以佛波醇-12-肉豆蔻酸酯-13-乙酸酯为刺激剂，鲁米诺为发光剂，通过化学发光法比较了山里红叶中 11 种主要多元酚类成分对大鼠中性粒细胞呼吸爆发的抑制作用。11 种多元酚类成分对大鼠中性粒细胞呼吸爆发表现出不同的抑制活性。黄酮类成分活性最强，其次是绿原酸，表儿茶素活性最弱。黄酮类成分既可抑制大鼠中性粒细胞呼吸爆发，又可清除呼吸爆发后产生的自由基；而绿原酸则对呼吸爆发的抑制作用较弱，主要是直接清除呼吸爆发产生的氧自由基；

表儿茶素则只能清除呼吸爆发产生的自由基，对呼吸爆发本身没有抑制作用。实验结果表明，山里红叶中多元酚类成分对大鼠中性粒细胞呼吸爆发具有明显的抑制活性，其中主要活性成分为黄酮类化合物。

杨文娟等（2012）通过 3-(4,5-二甲基噻唑-2)-2,5-二苯基四氮唑溴盐（MTT）法检测细胞活力，观察了棕榈酸（PA）对胰岛 βTC3 细胞造成的脂毒性损害，并进一步观察了 HLF 的保护作用。胰岛 βTC3 细胞分为正常细胞组、牛血清白蛋白（BSA）组、PA 组和 HLF+PA 组。分别使用 10μg/ml、30μg/ml、50μg/ml、100μg/ml 的 HLF 与 0.4mmol/L 的 PA 共同作用 24h，筛选出 HLF 的有效浓度（50μg/ml）。并用 50μg/ml 的 HLF 与 0.4mmol/L 的 PA 共同作用 24h、48h、72h，观察 HLF 的最佳作用时间。使用原位末端转移酶标记法（TUNEL）在荧光显微镜下观察 0.4mmol/L PA 作用后，以及与 50μg/ml HLF 共同作用后细胞的凋亡，并计算凋亡指数；用放免法分析了各组在 5mmol/L 和 22.4mmol/L 的葡萄糖刺激后胰岛细胞分泌胰岛素的能力；用 Western Blot 法观察 PA 和 HLF 对 Bcl-2/Bax 蛋白表达的影响。最后，MTT 的结果显示：10～100μg/ml 的 HLF 对 0.4mmol/L PA 诱导的胰岛 βTC3 细胞损伤均有保护作用，各浓度的 HLF 和 PA 作用后细胞的活力均高于单独 PA 组，并且 50μg/ml 的 HLF 与 0.4mmol/L PA 共同处理胰岛 βTC3 细胞 24h 的保护作用最好。TUNEL 结果显示：50μg/ml HLF 和 0.4mmol/L PA 共同处理后的胰岛细胞凋亡指数比 PA 单独处理后的凋亡指数低，具有统计学意义。50μg/ml HLF 和 0.4mmol/L PA 共同处理后的胰岛 βTC3 细胞在 5mmol/L 和 22.4mmol/L 葡萄糖的刺激下，胰岛素分泌值均高于 PA 作用后的胰岛素分泌值；并且在 5mmol/L 的葡萄糖刺激下，各组细胞的胰岛素分泌值都高于 22.4mmol/L 浓度组的。Western Blot 法观察到 PA 组中抑凋亡蛋白 Bcl-2 的表达较弱，促凋亡蛋白 Bax 的表达较明显，用 HLF 保护干预后，抑凋亡蛋白 Bcl-2 的表达较明显，促凋亡蛋白 Bax 的表达较弱，并且 HLF 进行保护后 Bcl-2 和 Bax 的比值高于 PA 组。因此，HLF 和 PA 共同作用后，可以减少 PA 诱导的胰岛 βTC3 细胞活力下降，同时也减少了胰岛 βTC3 细胞凋亡，此作用可能与凋亡蛋白 Bcl-2/Bax 有关，并且也观察到 HLF 减少了 PA 造成的胰岛 βTC3 细胞胰岛素分泌能力的下降，其具体作用机制还有待进一步研究。

1.4.4 抗菌

李小康等（2008）采用悬液定量杀菌试验法对山楂提取液进行了实验观察。用体积分数 50% 的山楂提取液对红色毛癣菌和犬小孢子菌作用 20min，平均杀灭率为 97% 以上；用体积分数 25% 的山楂提取液对金黄色葡萄球菌作用 5min，平均杀灭率达到 99.9% 以上。菌悬液内加入体积分数 25% 的小牛血清，对山楂提取液杀灭金黄色葡萄球菌效果有轻微影响。山楂提取液在 54℃条件储存 14 天，对金黄色葡萄球菌的杀灭率基本无变化。结果表明，山楂提取液具有良好的杀菌效果，有机物对其杀菌效果有轻微影响，储存性能稳定。

1.5 山里红活性成分提取方法

1.5.1 浸渍提取法

浸渍提取法是用规定量的溶剂，在一定温度下，将物料装入适当的容器中，密闭浸泡一定时间，分离浸出液得到浸取药材成分的一种方法。选取溶剂时应采用相似相溶原理。该法简单易行，无须加热，但因溶剂呈静止状态，浸出效率较低、试剂耗费量大、不利于回收。如果用水溶解，提取液还易发霉变质，因此应注意加入适量防腐剂（谭静等，2013）。

1.5.2 热回流提取法

热回流提取法是用乙醇等易挥发的有机溶剂提取原料成分，将浸出液加热蒸馏，其中挥发性溶剂馏出后又被冷却，重复流回浸出容器中浸提原料，如此重复，直至有效成分回流提取完全的方法。热回流提取法提取液在蒸发锅中受热时间较长，故不适用于受热易破坏的原料成分的浸出（张静等，2007）。

1.5.3 超声辅助提取法

超声辅助提取法利用超声波的机械效应、空化效应及热效应，通过增大介质分子的运动速度来增大介质的穿透力，从而提取植物中的天然活性成分。目前，超声辅助提取已广泛应用于食品、化学、材料工业（Huang et al.，2009；Shriwas and Gogate，2011）。超声辅助提取法提取温度低，提取率高，提取时间短，是一种高效、节能、环保的提取方法（罗猛等，2015；付玉杰等，2005）。

1.5.4 微波辅助提取法

微波辅助提取法是通过高频电磁波穿透提取介质，到达物料内部的维管束和腺胞系统，由于吸收微波能，细胞内部温度迅速上升，使细胞内部压力超过细胞壁膨胀承受能力，细胞壁破裂，细胞内有效成分自由流出，再通过进一步过滤和分离获得提取物。该法可在较低的温度条件下提取有效成分，是很有发展前景的高效提取技术。微波辅助提取法的优点是节省提取时间和所用溶剂，产物收率高（罗猛等，2015；Zhang and Liu，2008）。

1.6　生物利用度

近年来，天然药物研究者发现的难溶性药物越来越多，尤其是天然药物的有效成分多为难溶性，许多药物的溶解度为 1mg/L 以下。增加难溶性药物的溶解度，改善其溶出度，促进药物在人体的吸收，提高药物的临床疗效，已成为当代药物制剂开发的研究重点。随着药学领域中新技术、新材料的发展，难溶性药物通过口服给药也可获得较好的吸收和生物利用度（赖珺等，2010）。

生物利用度是指制剂中药物被吸收进入人体循环的速度与程度。生物利用度反映了所给药物进入人体循环的药量比例，它可描述口服药物由胃肠道吸收，经过肝脏到达体循环血液中的药量占口服剂量的比例，包括生物利用程度与生物利用速度。生物利用程度（extent of bioavailability，EBA）系指试验制剂与参比制剂吸收药物总量的比值，用以衡量药物吸收程度。可用两者的药时曲线下面积之比来求算。生物利用速度（rate of bioavailability，RBA）反映了口服后血药浓度峰值的出现时间及幅度，主要取决于药物制剂的剂型。例如，片剂或胶囊剂等固体剂型的溶出速率快，药物颗粒表面可迅速溶出并扩散到肠黏膜，则血药浓度的峰值出现早，峰值的绝对值亦大。通常用血药浓度达到峰值的时间或用吸收速度常数来衡量药物吸收的速度（叶玲，2012；崔琳，2011）。

影响口服药物生物利用度的因素有很多，如下。①化合物的理化特性：立体化学结构（包括手性），进入细胞膜的比例，分子量，分子体积，酸度系数，溶解度，渗透性，亲水亲脂性，化合物稳定性，分配系数，剂型特性（如崩解时限、溶出速率），以及一些工艺条件等。②胃肠道环境和解剖生理状态：胃肠道内液体的作用（肠 pH、胆汁、淋巴液流量等），药物在胃肠道内的转运情况（小肠上皮细胞中各种特异性转运系统和多药耐药性、P 糖蛋白等），部位的表面面积与局部血流，药物代谢，肠道菌株等。③其他因素：病理状态，基因差异，个体差异，种族差异，药物相互作用，药物与饮食、营养的相互作用等。

口服药物生物利用度低的原因大致可归纳为 3 类：药物的溶解度和溶出速率较小、药物的胃肠道黏膜渗透性较差及药物在体内快速消除。药物的溶解度和溶出速率较小导致口服药物生物利用度低的改进方法主要围绕增加药物的表面积、提高药物的溶解度或两种手段联合应用等方法，如传统的成盐法、添加助溶剂法、添加增溶剂法等。还有比较现代的方法，如近年发展起来的超微粉技术、分子包合技术、固体分散技术和乳化技术等。通过改变难溶性药物的分子结构，选用合适的载体和制剂技术改善其理化性质，提高其与胃肠道黏膜的亲和性和透过性等，也是改善其口服生物利用度的有效途径。

针对药物的胃肠道黏膜渗透性较差导致口服药物生物利用度低的改进措施主要有使用吸收促进剂及延长药物在胃肠道的滞留时间等方法，如选择表面活性剂、制成胃滞留制剂等。由于药物的消除速度大多与药物的浓度成正比，因此通过减慢药物的释放，使血药浓度维持在相对较低的浓度可以减慢药物的消除速度，故将可在体内快速消除的药物制成缓控释制剂，从而提高其生物利用度。此外，微乳技术可能兼有增加药物的表面积、提高药物的溶解度、促进药物的吸收等多种作用，但因它会使用大量表面活性剂，而表面活性剂会对人胃肠黏膜造成损伤，因此限制了它的广泛使用（崔琳，2011）。

1.7　超细微粉制备技术

1.7.1　传统超细微粉制备技术

1. 机械粉碎法

机械粉碎法主要利用各种外界因素，如机械能、流体能、声能、热能、化学能等，破坏物质间的内聚力以达到粉碎的目的，粉碎过程将机械能转化为表面能以增加物质的表面积，减小粒径（王军，2007）。这种方法可以使固体粉碎物的平均粒径小于 5μm，但粒径分布范围较大，粉末不够均一。

2. 乳化聚合法

乳化聚合法一般以水作为连续相，将单体分散于乳化剂水相中的胶团或乳滴中。单体遇引发剂分子或高能辐射发生聚合，单体的快速扩散使聚合物链进一步增长，其中胶团及乳滴作为提供单体的"仓库"，而乳化剂对相对分离以后的聚合物微粒有稳定的防止聚集的作用（王军，2007）。

3. 液相沉淀法

液相沉淀法包括反应结晶和反溶剂结晶两种方法。

反应结晶是通过两种或者更多种组分经化学反应产生过饱和度进行结晶的过程。在这个过程中，可以通过加入反应剂或调节 pH 产生新物质，当新物质的浓度超过它的溶解度时就会结晶析出（王志富，2008；李湘山，2007）。

反溶剂结晶就是加入某种溶剂，使溶解于水或者其他有机溶剂中的溶质的溶解度降低，形成过饱和溶液而结晶的方法。反溶剂结晶技术在工业中常用于产品的分离和提纯，具有晶体生长速度快、纯度高和完整性好等优点。

4. 冷冻干燥法

冷冻干燥法又称为升华干燥法，即将物料冷冻至冰点以下，并置于高真空（10～40MPa）的容器中，通过供热使物料中的水分直接从固态冰升华为水汽的一种干燥方法。冷冻干燥法可以消除在其他干燥过程中颗粒团聚的现象,合成的粉体比较细,但是产生的微粉粒径分布不均匀,且药物的活性易遭到破坏(李文秀,2006)。

5. 喷雾干燥技术

喷雾干燥技术是利用雾化器将一定浓度的料液喷射成雾状液滴,落入一定流速的热气流中,使之迅速干燥,获得粉状产品(李湘山,2007)。由于干燥过程时间极短,故此技术适用于热敏物质的干燥。

1.7.2 现代超细微粉制备技术

超临界流体(supercritical fluid,SCF)是指处于超过物质本身的临界温度和临界压力状态时的流体,如图1-4所示。SCF兼有气液两相的双重特点,不仅具有与液体相接近的密度和溶解能力,而且具有与气体相接近的黏度及扩散系数,表现出很好的流动与传递性能,这些特性使SCF成为一种优良的结晶溶剂(夏伟等,2012)。

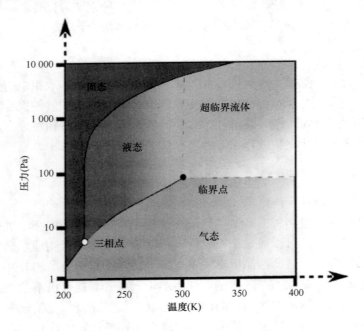

图1-4 超临界流体原理图

研究人员利用超临界流体的性质开发出了许多实用技术,如超临界流体萃取技术、超临界流体沉析技术、超临界流体化学反应、超临界流体印染、超临界流体干燥等，应用范围日趋扩大（李文秀，2006）。

超临界流体沉析技术是指在一定的条件下使溶液达到极高的过饱和度与过饱和速率，从而可沉析出比传统方法得到的粒子尺寸更小的微粒（李文秀，2006）。其制备条件温和、粒子流动性好、粒度可控，适用于脂溶性及水溶性材料、均相或非均相材料等更广泛的体系，特别适用于热敏性蛋白质类物质的制备，并且无溶剂残余，有利于药物的后续处理及环境保护。由于其特有的优点，超临界流体沉析技术已成为药物及生物制品等超细化制备的普遍方法。

超临界流体沉析技术主要有三种：超临界流体快速膨胀技术（rapid expansion of supercritical solutions，RESS）、气体饱和溶液微粒形成技术（particles from gas saturated solutions，PGSS）、超临界反溶剂技术（supercritical anti-solvent process，SAS）（王哲，2007）。

1. RESS

RESS 是超临界技术中应用最早的，它的原理是将溶质溶于超临界流体形成超临界体系，该体系首先经过微细喷嘴的快速膨胀，然后在膨胀过程中突然降低压力和温度以降低溶质的溶解度，形成过饱和溶液，进而析出溶质微粒。超临界溶液快速膨胀析出微粒的过程可瞬间完成，形成的微粒平均粒径小而均匀（图 1-5）。

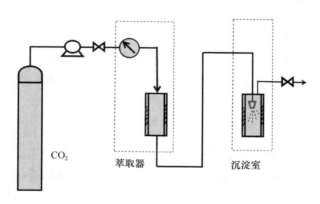

图 1-5　RESS 示意图

RESS 是使溶有溶质的超临界溶液通过一个加热的喷嘴迅速喷入沉淀室内，超临界流体在沉积室内迅速降压而膨胀成气体，在极短的时间形成极高的过饱和度，使溶液迅速沉淀出溶质微粒。在操作时预设纯 CO_2 的温度和压力，然后把超临界 CO_2 注入装有聚合物溶液的萃取器中，当超临界 CO_2 通过萃取器时会形成饱和溶液。在沉淀室中，饱和超临界 CO_2 溶液通过喷嘴时由于温度和压力的改变而发生膨胀，因此喷嘴必须通过预加热以防堵塞。产物的形态取决于溶质本身的性质和 RESS 参数。

喷嘴是 RESS 过程的关键部位，它是由长度＜5mm 和内径为 6～100μm 的不锈钢毛细管制成。在喷嘴中，超临界溶液流速极大、膨胀时间极短，会产生强烈的机械扰动和形成极大的过饱和度。强烈的机械扰动是形成均一颗粒的成核条件，可形成很窄的粒径分布；极大的过饱和度是产生微细颗粒的必要条件，以获得粒径均匀的超细微粒。

RESS 实验室装置比较简单，难于放大，但最主要的局限性在于溶质在 SCF 中的溶解度很低，一般难以达到≥1g/kg SCF 的级别，还不能广泛应用。SCF 使用量与所得微粒量之比巨大，因此，RESS 生产能力非常有限（李文秀，2006）。此外，由于绝大多数的物质在 SCF 中的溶解度比较小，所以大多数的 RESS 过程要有共溶剂来增加溶解力，而所生成的产品中必须去除加入的共溶剂，因此会使操作变得复杂，生产成本也会增加。

Ghoreishi 等（2016）研究了使用 RESS 来使壳聚糖颗粒微粉化。用响应面法优化了温度、压力和喷嘴直径对粒径的影响，所得数据能被充分拟合到二阶多项式模型中。结果表明，温度和压力越大、喷嘴直径越小，所得到的超细微粉的粒径越小。

Montes 等（2017）用 RESS 将香草醛的粒径由原来的大于 700μm 缩小至 7～8μm，缩小了近 100 倍。实验对温度、接触时间和喷嘴直径进行了优化。研究表明，在较低的压力下，温度是一个关键因素。当使用温度较低时，所得粒径较大但收率较高；当温度较高时，所得粒径较小但收率较低。增加接触时间和减小喷嘴直径可以使香草醛粒径和收率都得到改善，并且处理前后香草醛没有发生化学变化。

2. PGSS

PGSS 是在高压下使超临界流体溶于待制作超细粉末的物质溶液内，形成一种气体饱和溶液，随着物料的喷出，这种气体饱和溶液通过雾化过程扩张形成粒子。PGSS 适用于溶液、悬浊液、乳浊液，可用来制造很多物质的粉体。PGSS 处理过程不需要把固体溶解在超临界 CO_2 中，从而可以在较低的温度下进行膨胀或熔融。另外，CO_2 易溶于水，可使溶液快速达到气体饱和状态，从而能增加膨胀效果，使超临界乳浊液流过限流器时快速卸压雾化（王长明等，2010）。

PGSS 主要用于聚合制粒，不能用于热敏性物质的微粒制备。因为热敏性物质遇热后，会在未达熔点前发生分解，而使产品质量下降（李文秀，2006）。

3. SAS

SAS 的原理是将溶质先溶解在某种有机溶剂中，然后将此溶液与超临界流体混合。溶液与该超临界流体混合后，超临界 CO_2 会作为抗溶剂溶入溶液中，从而降低溶剂的溶解能力，使溶质以粒子形式析出。SAS 的优点是，虽然超临界流体对溶液中溶质的溶解能力很差（或根本不溶），但溶液中的有机溶剂能与超临界流体互溶。这可以解决很多药物、有机高分子材料等不溶于超临界流体的问题。

Reverchon 等（2015）以 CO_2 为反溶剂，二甲基亚砜（DMSO）为溶剂，通过 SAS 制备出了头孢菌素的超细微粒，并探讨了压力、温度、溶液浓度及流速对微粒制备的影响。Chang 等（2008）成功制备出了复方新诺明超细微粉，并利用扫描电镜（scanning electron microscope，SEM）、X 射线衍射（X-ray diffraction，XRD）、差示扫描量热法（differential scanning calorimetry，DSC）等检测手段对产物进行了分析。

Zhao 等（2011）研究了利用 SAS 制备银杏叶提取物超细微粉。该研究以乙醇为溶剂，筛选了温度、压力、流速和浓度的影响。在最优条件下得到的银杏叶超细微粉的粒径达到了 81.2nm，扫描电镜图显示得到的超细微粉为球形，可提高银杏叶提取物的口服生物利用度。

Chang 等（2012）研究了以 DMSO/乙醇作为溶剂，CO_2 作为反溶剂，采用 SAS 将抗生素氨曲南进行微粉化。在优化条件下，氨曲南的平均粒径为 109～154nm，并由棒状变为均匀球形亚微米颗粒。该研究得到的氨曲南超细微粉可以达到通过静脉输送给药的标准。

Tavares Cardoso 等（2008）利用 SAS 制备出了平均粒径在 0.1～1μm 的盐酸米诺环素超细微粉，Chattopadhyay 和 Gupta（2001）通过此技术制备出了灰黄霉素超细微粉。

1.8　山里红活性成分研究的目的及意义

山里红叶有多种活性成分，是一种常用的中药材。本研究通过一系列现代分离分析技术和活性研究方法，实现了山里红活性成分的高效分离与利用，可为山里红资源的综合利用和深入开发提供科学依据，同时也为中药现代化研究提供思路。

第 2 章　HPLC 同时测定山里红中 7 种主要活性成分

山里红中主要活性成分为多酚类化合物，包括绿原酸、牡荆素-4″-O-葡萄糖苷、牡荆素-2″-O-鼠李糖苷、荭草苷、芦丁、牡荆素和金丝桃苷等（Gao et al.，2010；Song et al.，2011；Ding et al.，2010；齐桂平，2010）。药理活性研究表明，多酚类成分具有抗氧化和预防心脑血管疾病等作用（齐桂平，2010；叶希韵等，2009；张元荣和蒋企洲，2011；Yao et al.，2008；Kirakosyan et al.，2003；Frishman et al.，2009；Xu et al.，2008）。近年来，山里红作为山楂叶原料应用越来越广泛。测定方法从测定单一的某类或某种活性成分的含量，发展为测定多种活性成分的含量。本研究采用 HPLC 同时测定山里红中 7 种主要活性成分含量，并进行系统地方法学验证，以期为山里红的深度开发和利用提供重要理论依据。

2.1 山里红中的主要活性成分

2.1.1 绿原酸

绿原酸（chlorogenic acid，CA）（图 2-1），为咖啡酸与奎尼酸反应生成的缩酚酸，分子式为 $C_{16}H_{18}O_9$，相对分子质量为 354.3，熔点 208℃，易溶于水、醇、丙酮等溶剂。双子叶植物的叶片、果实及其他组织中存在大量 CA，同时也存在部分其异构体——新绿原酸和异绿原酸。

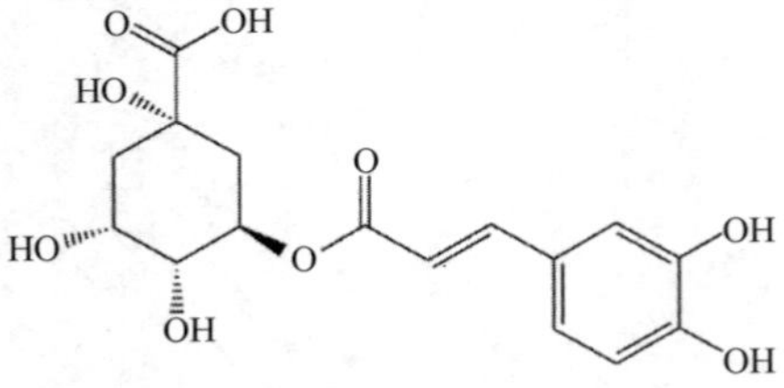

图 2-1 CA 的化学结构

CA具有较好的生物活性，对透明质酸酶具有抑制作用，抗氧化能力强（赵权，2013）。药理活性研究表明，CA具有扩张血管、降低血脂、抗艾滋病毒、抗肿瘤、提高中枢神经兴奋性、保肝利胆等功能（林学政等，2004）。

2.1.2 牡荆素-4″-O-葡萄糖苷

牡荆素-4″-O-葡萄糖苷（vitexin-4″-O-glucoside，VG）（图 2-2），分子式为 $C_{27}H_{30}O_{15}$，相对分子质量为 594.52。它是山里红中特有的黄酮类成分。

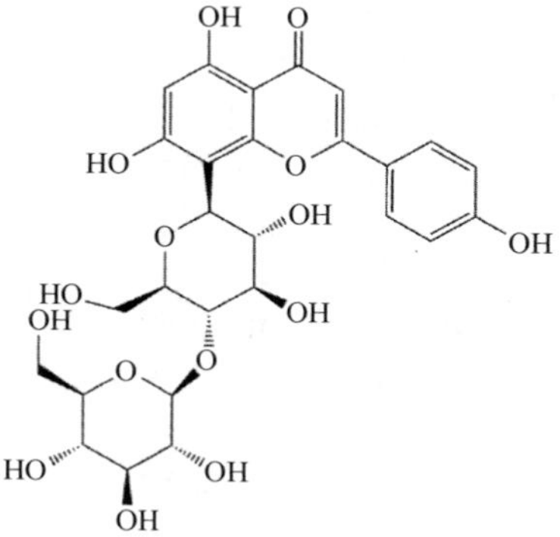

图 2-2　VG 的化学结构

对其单体在小鼠体内吸收、分布和排泄的研究发现，VG 在治疗脂肪肝、高脂血症、保护心脏和抗氧化等方面发挥了一定的作用（杜义龙等，2016；杜义龙和潘海峰，2016）。

2.1.3　牡荆素-2″-O-鼠李糖苷

牡荆素-2″-O-鼠李糖苷（vitexin-2″-O-rhamnoside，VR）（图 2-3），分子式为 $C_{27}H_{30}O_{14}$，相对分子质量为 578.52。

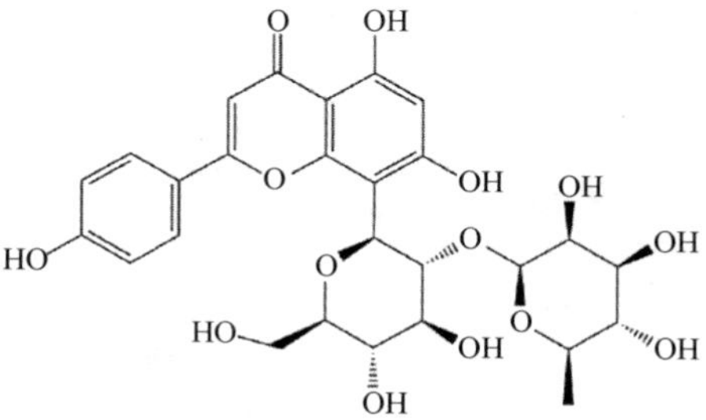

图 2-3　VR 的化学结构

研究发现，VR 能明显改善大鼠急性心肌缺血，对心肌缺血损伤具有保护作用（鲁统洁等，2008）。

2.1.4　荭草苷

荭草苷（orientin，ORT）（图 2-4），又称 2-(3,4-二羟基苯基)-8-β-D-吡喃葡萄糖基-5,7-二羟基-4H-1-苯并吡喃-4-酮，分子式为 $C_{21}H_{20}O_{11}$，相对分子质量为 448.38。ORT 属于碳苷黄酮类化合物，是中药材荭草、金莲花和竹叶的主要活性成分。

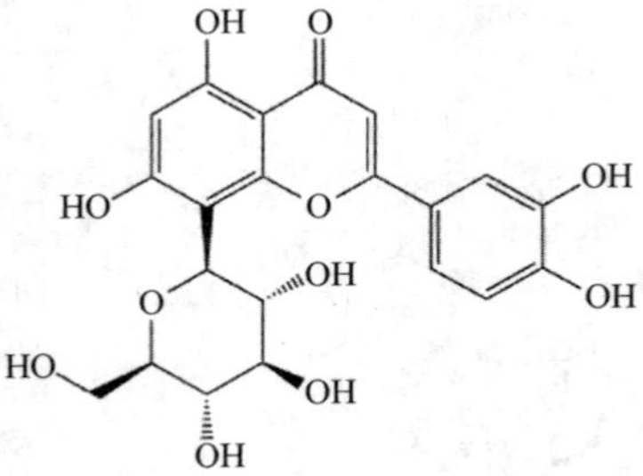

图 2-4　ORT 的化学结构

药理活性研究发现，ORT 具有抗氧化、抗炎和抑制血栓形成等功效，可用于治疗心绞痛、冠心病和心血瘀阻等症，有良好的临床应用潜力，有望进入临床研究（王书华等，2011）。

2.1.5　芦丁

芦丁（rutin，RT）（图 2-5），又名芸香苷，是黄酮醇化合物槲皮素的芸香糖苷，分子式为 $C_{27}H_{30}O_{16}$，相对分子质量为 610.51。RT 广泛存在于植物的叶、花、果实中，是常见的天然黄酮类化合物，也是维生素 P 的主要组分之一。

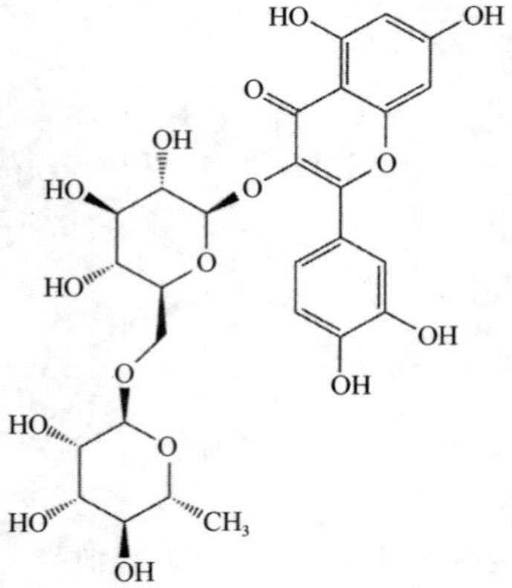

图 2-5　RT 的化学结构

RT 具有降低毛细血管通透性、维持血管正常渗透压的作用，对毛细血管保持或恢复正常弹性具有一定的功效。临床上，RT 常用于治疗脑动脉硬化、关节炎及脑血栓后遗症和烧伤等（韩春辉等，2012）。

2.1.6　牡荆素

牡荆素（vitexin，VIT）（图 2-6），分子式为 $C_{21}H_{20}O_{10}$，相对分子质量为 432.4。VIT 是牡荆叶和牡荆籽提取的黄酮醇类天然化合物。

药理活性研究表明，VIT 具有抗炎和降压作用，能有效减轻小鼠溃疡性结肠炎。VIT 对心脏有明显的保护作用，能抑制血管平滑肌的收缩和血小板的聚集（王亚男，2015；孙阿宁等，2014；董六一等，2011）。

2.1.7　金丝桃苷

金丝桃苷（hyperoside，HYP）（图 2-7），又称槲皮素-3-*O*-*β*-D-吡喃半乳糖苷，分子式为 $C_{21}H_{20}O_{12}$，相对分子质量为 464.37。HYP 是一种重要的天然产物，广泛存在于各种植物体内（黄凯等，2009）。

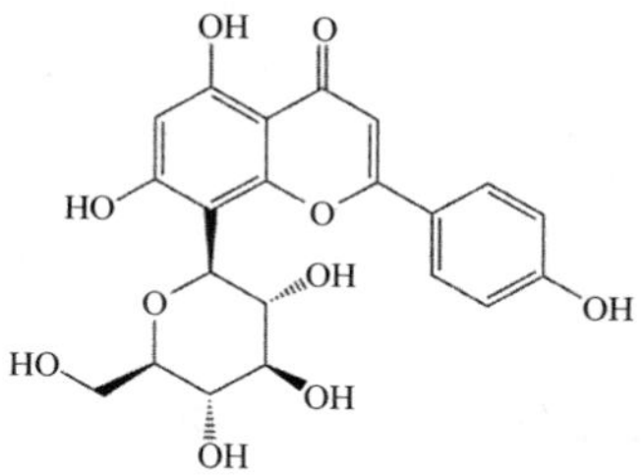

图 2-6　VIT 的化学结构

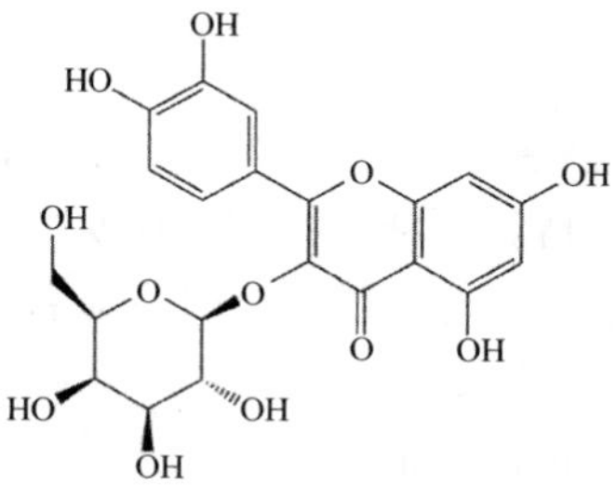

图 2-7　HYP 的化学结构

药理活性研究表明，HYP 具有降压、抗炎、降低胆固醇、解痉、利尿、蛋白同化、止咳和保护心脏等多种功能（韩军等，2015）。

2.2　实验材料与方法

2.2.1　实验材料与设备

山里红根、茎、叶和果实采自东北林业大学（哈尔滨），干燥后粉碎过筛（20～

60 目），于 4℃冰箱中保存备用。标本保存于东北林业大学森林植物生态学教育部重点实验室。

CA、VG、VR、ORT、RT、VIT 和 HYP 对照品购于上海融禾医药科技发展有限公司。其他分析纯与色谱纯试剂均购于国药集团化学试剂北京有限公司。超纯水由 Milli-Q 超纯水系统制得。

2.2.2 HPLC 的建立

使用 Waters PU-1525 型高效液相色谱仪，Waters UV-2996 型紫外检测器，HiQ Sil C$_{18}$ 高效液相色谱柱（250mm×4.6mm，5μm）。流动相组成：四氢呋喃-乙腈-水-磷酸（175∶31∶794∶0.385，$V/V/V/V$）。流速 1.0ml/min，进样量 20μl，紫外检测波长为 350nm。通过比较分析物的保留时间，再参考化合物的紫外光谱来确定分析物的色谱峰。对照品的紫外吸收谱图如图 2-8 所示。本研究分别以山里红根、茎、叶、果实干重为基准作标准曲线，计算目标化合物的含量。

2.2.3 方法学验证

方法学验证依据国际协调会议（ICH，Q2，2005）和国际纯粹化学与应用化学联合会（IUPAC）方法制定（2002）。

1. 对照品溶液制备

分别精密称取对照品 CA 3.04mg、VG 5.00mg、VR 5.00mg、ORT 2.99mg、RT 4.70mg、VIT 3.01mg 和 HYP 3.09mg，将各组分对照品分别置于 10ml 容量瓶中，加入甲醇溶液定容，混合均匀，制成对照品储备液。制得的 CA、VG、VR、ORT、RT、VIT 和 HYP 溶液的浓度分别为 0.304mg/ml、0.5mg/ml、0.5mg/ml、0.299mg/ml、0.47mg/ml、0.301mg/ml、0.309mg/ml。取每份对照品溶液 0.2ml，制成混合对照品溶液。

2. 供试品溶液制备

将山里红根、茎、叶、果实去除杂物后，于烘箱内 60℃干燥至恒重（约 3h）再粉碎，取山里红根、茎、叶、果实粉碎物，精密称取置于锥形瓶中，以 30∶1（V/M，下同）的液固比加入 50%乙醇溶液进行提取，提取时间 3h，合并提取液，减压浓缩至干燥，用 50%甲醇溶液复溶于 1.5ml 离心管中，离心 10min，取上清液，过 0.22μm 滤膜，制得供试品溶液。

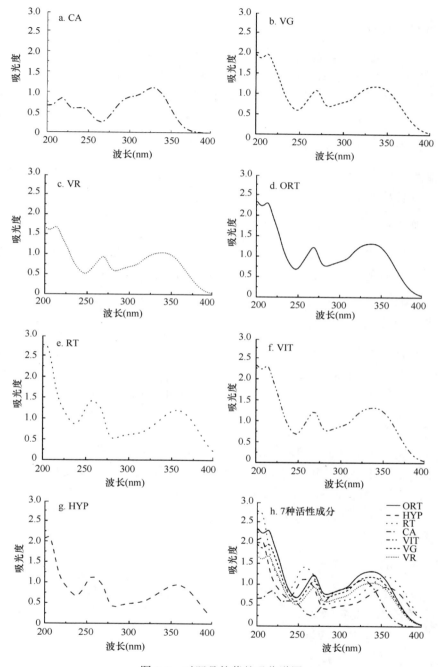

图 2-8　对照品的紫外吸收谱图

3. 标准曲线的制备

精密量取混合对照品适量，采用倍数稀释法，配制成 6 种不同浓度的混合对照品溶液。按 2.2.2 节色谱条件测定 7 个组分的峰面积，以对照品浓度（X）为横坐标，峰面积（Y）为纵坐标，绘制标准曲线，得到回归方程及相关系数（R^2）。

4. 定量限与检测限实验

精密量取混合对照品适量，逐步稀释，按信噪比（S/N）= 10 计算定量限，按 S/N = 3 计算检测限。

5. 精密度考察

精密量取混合对照品适量，按 2.2.2 节色谱条件重复进样 6 次，每次 20μl 注入高效液相色谱仪。计算 6 次进样峰面积的相对标准偏差值，考察仪器精密度。

6. 重复性考察

精密量取供试品溶液 6 份，分别按"供试品溶液制备"方法操作，按 2.2.2 节色谱条件进样 20μl，测定 CA、VG、VR、ORT、RT、VIT 和 HYP 的峰面积，考察方法的重现性，并分别计算 6 次不同样品峰面积的相对标准偏差。

7. 稳定性考察

精密量取适量供试品溶液，室温条件下静置，分别于第 0 小时、第 2 小时、第 4 小时、第 6 小时、第 8 小时、第 10 小时、第 12 小时、第 24 小时、第 48 小时，按 2.2.2 节色谱条件进样 20μl，测定 CA、VG、VR、ORT、RT、VIT 和 HYP 的峰面积，考察样品溶液的稳定性，分别计算不同时间点色谱峰的相对标准偏差。

8. 回收率实验

精密量取适量供试品溶液 6 份，分别加入不同浓度的对照品储备液适量，按 2.2.2 节色谱条件测定峰面积，考察样品的回收率，由回归方程计算样品中 CA、VG、VR、ORT、RT、VIT 和 HYP 的含量。

9. 系统适用性及含量测定

精密称量同期采集的山里红根、茎、叶、果实各 1.00g，按"2. 供试品溶液制备"方法制备成供试品溶液，分别吸取 20μl 进样，按 2.2.2 节色谱条件进行测定，每份样品测 3 次，依次测定各样品，分别计算 7 种酚类化合物的含量。

2.3　结果与讨论

2.3.1　色谱条件筛选

1. 检测波长的选择

图 2-8 为 CA、VG、VR、ORT、RT、VIT 和 HYP 的全波长扫描，结果显示同时测定 7 种酚类化合物的最佳检测波长为 350nm。

2. 流动相与色谱柱的选择

适合的高效液相色谱分析法有利于准确快速地检测成分含量，并减少误差干扰。HiQ Sil C$_{18}$ 高效液相色谱柱在分析复杂基质时，可以保证峰值不受外界干扰。经文献调研，分别使用乙腈和水（含 0.1%甲酸）等度洗脱，使用四氢呋喃-乙腈-0.05%磷酸溶液（20∶3∶7，$V/V/V$）梯度洗脱。反复实验后，最终选用 HiQ Sil C$_{18}$ 高效液相色谱柱，四氢呋喃-乙腈-水-磷酸（175∶31∶794∶0.385，$V/V/V/V$）系统，成功分离出山里红叶中目标化合物，如图 2-9 所示。在流动相体系中使用磷酸可以明显改善色谱峰拖尾现象。

图 2-9 为对照品和山里红叶提取物的高效液相色谱图，结果显示，7 种物质的保留时间适中且分离度优良，具有良好的对称性，可较好的检测出山里红叶中 7 种酚类化合物。此条件下，CA、VG、VR、ORT、RT、VIT 和 HYP 的保留时间分别为 8.82min、10.69min、14.88min、18.59min、21.16min、23.89min 和 31.55min。

2.3.2　方法学验证

1. 线性关系

为验证新建立的 HPLC 是否符合酚类化合物的常规分析，拟合了 7 种酚类化合物的标准曲线，线性关系见表 2-1。结果表明，7 个组分在各自浓度范围内呈良好的线性关系（$R^2 > 0.999$）。

2. 定量限和检测限

经计算，7 种酚类化合物的检测限（LOD）分别为 4.34μg/ml、3.57μg/ml、

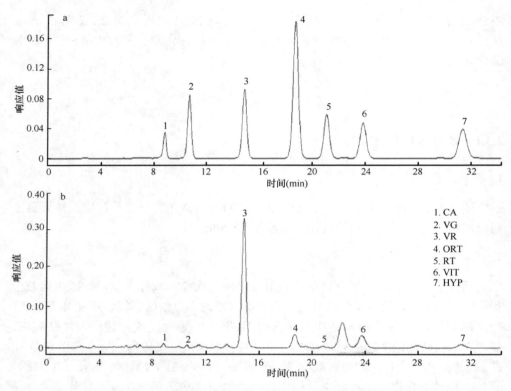

图 2-9 7 种对照品（a）和山里红叶提取物（b）的高效液相色谱图

2.38μg/ml、1.42μg/ml、1.43μg/ml、3.34μg/ml 和 2.21μg/ml（表 2-2）。定量限（LOQ）分别为 19μg/ml、15.6μg/ml、15.6μg/ml、18.7μg/ml、14.7μg/ml、18.8μg/ml 和 19.3μg/ml。检测限（$S/N = 3$）和定量限（$S/N = 10$）分别小于等于 4.34μg/ml 和 19.3μg/ml。这表明，此分析方法具有较好的灵敏度。

表 2-1 7 种酚类化合物标准曲线的回归方程与线性范围

化合物	回归方程	R^2	线性范围（μg/ml）
CA	$Y = 1.494 \times 10^7 X + 5.472 \times 10^4$	0.9999	19.0～304
VG	$Y = 2.705 \times 10^7 X + 6.881 \times 10^2$	0.9996	15.6～250
VR	$Y = 2.897 \times 10^7 X + 8.811 \times 10^4$	0.9999	15.6～250
ORT	$Y = 4.772 \times 10^7 X - 1.508 \times 10^4$	0.9992	18.7～299
RT	$Y = 3.045 \times 10^7 X + 7.371 \times 10^4$	0.9997	14.7～235
VIT	$Y = 3.526 \times 10^7 X + 6.059 \times 10^4$	0.9996	18.8～301
HYP	$Y = 3.863 \times 10^7 X + 4.097 \times 10^4$	0.9997	19.3～309

表 2-2　定量限和检测限测定结果

测定项目	CA	VG	VR	ORT	RT	VIT	HYP
检测限（μg/ml）	4.34	3.57	2.38	1.42	1.43	3.34	2.21
定量限（μg/ml）	19	15.6	15.6	18.7	14.7	18.8	19.3

3. 精密度

表 2-3 中 CA、VG、VR、ORT、RT、VIT 和 HYP 峰面积的相对标准偏差分别为 0.54%、0.32%、0.59%、0.82%、0.87%、0.57%和 0.64%。保留时间的相对标准偏差分别为 0.41%、0.66%、0.98%、0.38%、0.35%、0.25%和 0.23%，保留时间和峰面积的精密度变化分别小于等于 0.98%和 0.87%，表明本研究采用该方法正确、合理。

表 2-3　精密度实验结果（$n = 6$）

测定项目	相对标准偏差（%）						
	CA	VG	VR	ORT	RT	VIT	HYP
保留时间	0.41	0.66	0.98	0.38	0.35	0.25	0.23
峰面积	0.54	0.32	0.59	0.82	0.87	0.57	0.64

4. 重现性

由表 2-4 中可知，CA 的峰面积和保留时间的相对标准偏差分别为 0.62%和 0.47%，VG 的峰面积和保留时间的相对标准偏差分别为 0.33%和 0.52%，VR 的峰面积和保留时间的相对标准偏差分别为 0.37%和 0.92%，ORT 的峰面积和保留时间的相对标准偏差分别为 0.78%和 0.32%，RT 的峰面积和保留时间的相对标准偏差分别为 0.80%和 0.18%，VIT 的峰面积和保留时间的相对标准偏差分别为 0.42%和 0.33%，HYP 的峰面积和保留时间的相对标准偏差分别为 0.46%和 0.26%。7 种酚类化合物峰面积和保留时间的相对标准偏差分别小于等于 0.80%和 0.92%，表明各化合物均具有较好的重现性。

表 2-4　重现性实验结果（$n = 6$）

测定项目	相对标准偏差（%）						
	CA	VG	VR	ORT	RT	VIT	HYP
保留时间	0.47	0.52	0.92	0.32	0.18	0.33	0.26
峰面积	0.62	0.33	0.37	0.78	0.80	0.42	0.46

5. 稳定性

稳定性实验中，CA、VG、VR、ORT、RT、VIT 和 HYP 峰面积的相对标准偏差分别为 0.82%、0.26%、0.98%、0.75%、0.99%、0.67%和 0.56%，保留时间的相对标准偏差分别为 0.61%、0.87%、0.97%、0.29%、0.28%、0.14%和 0.19%。各成分在 48 小时内峰面积和保留时间的相对标准偏差均<1.0%，表明在 48 小时内溶液的稳定性良好（表 2-5）。

表 2-5　稳定性实验结果（$n = 6$）

测定项目	相对标准偏差（%）						
	CA	VG	VR	ORT	RT	VIT	HYP
保留时间	0.61	0.87	0.97	0.29	0.28	0.14	0.19
峰面积	0.82	0.26	0.98	0.75	0.99	0.67	0.56

6. 回收率

通过测定 3 种不同浓度对照品溶液的回收率，得到 CA、VG、VR、ORT、RT、VIT 和 HYP 的平均回收率分别为 99.75%、99.74%、99.43%、99.67%、98.97%、98.68%和 100.3%（表 2-6），实验结果显示回收率范围在 98.68%～100.3%，回收率良好。

表 2-6　回收率实验结果（$n = 6$）

测定项目	CA	VG	VR	ORT	RT	VIT	HYP
平均回收率（%）	99.75	99.74	99.43	99.67	98.97	98.68	100.3

7. 系统适用性及含量测定

同时测定山里红根、茎、叶和果实中 7 种酚类化合物的含量（表 2-7），结果显示，该方法具有良好的线性关系、精密度、重现性、稳定性及回收率，可同时分析山里红不同部位提取物中 7 种酚类化合物的含量。山里红根、茎、叶、果实中均含有这 7 种酚类化合物，山里红各部位酚类化合物含量的顺序为：叶＞果实＞根＞茎。叶中酚类化合物的含量高于其他部位，说明山里红叶是一种潜在的、可再生的研究山里红提取物天然抗氧化剂的实验材料。

表 2-7　山里红各部位提取物中 7 种酚类化合物的含量（$n = 3$）

（单位：mg/g）

样品	CA	VG	VR	ORT	RT	VIT	HYP
根	0.074	0.031	0.0013	0.0099	0.026	0.043	0.052
茎	0.037	0.0037	0.04	0.026	0.024	0.073	0.0037
叶	0.058	0.22	4.09	0.023	0.086	0.90	0.64
果实	0.0083	0.015	0.19	0.12	0.02	0.001	0.011

2.4　本　章　小　结

本章通过 HPLC 建立了同时测定山里红叶中绿原酸、牡荆素-4″-O-葡萄糖苷、牡荆素-2″-O-鼠李糖苷、荭草苷、芦丁、牡荆素和金丝桃苷 7 种活性成分含量的方法，最终确立分析检测的条件如下。

（1）HPLC 分析系统：美国 Waters PU-1525 型高效液相色谱仪，Waters UV-2996 型紫外检测器，HiQ Sil C$_{18}$ 高效液相色谱柱（250mm×4.6mm，5μm）。

（2）流动相：四氢呋喃-乙腈-水-磷酸（175∶31∶794∶0.385，$V/V/V/V$），等度洗脱，流速 1.0ml/min，进样量 20μl。

（3）紫外检测波长为 350nm。

在此系统下，绿原酸、牡荆素-4″-O-葡萄糖苷、牡荆素-2″-O-鼠李糖苷、荭草苷、芦丁、牡荆素和金丝桃苷保留时间分别为 8.82min、10.69min、14.88min、18.59min、21.16min、23.89min 和 31.55min。该方法具有较好的分离度，干扰小，色谱图理想。

7 种酚类化合物的线性关系、定量限和检测限、重现性、精确度、稳定性和回收率良好。对山里红根、茎、叶和果实的适用性实验表明，该方法适用性好，方法学验证结果可靠准确，可用于绿原酸、牡荆素-4″-O-葡萄糖苷、牡荆素-2″-O-鼠李糖苷、荭草苷、芦丁、牡荆素和金丝桃苷 7 种酚类成分的定性定量分析。为山里红提取物及其制剂的质量控制提供可靠的理论依据。

对山里红不同部位中 7 种酚类化合物的测定结果表明，山里红根、茎、叶、果实中均含有这 7 种酚类化合物。总体而言，山里红各部位酚类化合物含量顺序为：叶＞果实＞根＞茎，山里红叶中酚类化合物的含量高于其他部位。山里红叶是一种潜在的、可再生的研究山里红提取物天然抗氧化剂的实验材料。

第 3 章　超声辅助提取山里红叶中活性成分

提取山里红叶中活性物质的传统方法主要为浸渍提取法和热回流提取法，但它们的提取时间较长且需要消耗大量有机溶剂和能量（Mandana et al., 2010；闫磊，2007）。超声辅助提取法是一种环境友好型方法，此方法可以减少溶剂消耗、缩短提取时间、提高提取率和提取质量（Zhang et al., 2009；Zhang and Liu, 2008）。超声辅助提取法已广泛应用于植物化学、生物化学、物理学和冶金工业等领域，尤其适用于天然药用植物中活性成分的提取（Chaharlangi et al., 2015；Krishnaswamy et al., 2013；Shriwas and Gogate, 2011；Wang et al., 2008）。本研究采用超声辅助提取法提取山里红叶中 7 种酚类化合物，包括绿原酸（CA）、牡荆素-4″-O-葡萄糖苷（VG）、牡荆素-2″-O-鼠李糖苷（VR）、荭草苷（ORT）、牡荆素（VIT）、芦丁（RT）和金丝桃苷（HYP）。

3.1　实验材料与设备

无水乙醇为分析纯，购于天津市天力化学试剂有限公司。
超声提取器（KQ-250DB），购于昆山市超声仪器有限公司。

3.2　实　验　方　法

3.2.1　单因素实验

通过超声辅助提取法提取山里红叶中活性成分，由保留时间和峰面积鉴定其含量。

将 10g 山里红叶粉末置于锥形瓶中并以不同液固比（5∶1、10∶1、15∶1、20∶1、25∶1）加入浓度为 40%的乙醇溶液，于 40℃条件下提取 35min。提取完成后，离心，并用 0.22μm 微孔滤膜过滤，进行高效液相分析。

将 10g 山里红叶粉末置于锥形瓶中并以液固比 15∶1 加入浓度为 40%的乙醇溶液，于不同温度（20℃、30℃、40℃、50℃、60℃）条件下提取 35min。提取完成后，离心，并用 0.22μm 微孔滤膜过滤，进行高效液相分析。

将 10g 山里红叶粉末置于锥形瓶中并以液固比 15∶1 加入不同浓度（20%、30%、40%、50%、60%）的乙醇溶液，于 40℃条件下提取 35min。提取完成后，离心，并用 0.22μm 微孔滤膜过滤，进行高效液相分析。

将 10g 山里红叶粉末置于锥形瓶中并以液固比 15∶1 加入浓度为 40%的乙醇溶液，于 40℃条件下分别提取 5min、15min、25min、35min、45min。提取完成后，离心，并用 0.22μm 微孔滤膜过滤，进行高效液相分析。

3.2.2 响应面实验设计

在单因素实验基础上，基于响应面分析法中的 Box-Behnken 设计（BBD），考察影响 CA、VG、VR、ORT、RT、VIT 和 HYP 产率的主要因素，包括液固比、提取温度、乙醇浓度和提取时间。共 29 组随机实验，包括 24 个因素的实验和 5 个零点测试。以二次多项式为响应函数，对回归分析进行评估：

$$Y = \beta_0 + \sum_{j=1}^{k} \beta_j X_j + \sum_{j=1}^{k} \beta_{jj} X_j^2 + \sum \sum_{i<j} \beta_{ij} X_i X_j (k = 4)$$

式中，Y 表示响应值；β_0、β_j、β_{jj} 和 β_{ij} 分别表示截距、线性、平方和交互的回归系数；X_i 和 X_j 分别表示编码的变量；i、j 为累加变量；k 表示变量的个数。实验设计中独立变量的编码水平见表 3-1。

表 3-1 独立变量的编码水平

独立变量	因素	编码水平		
		−1	0	1
X_1	液固比	10	15	20
X_2	提取温度（℃）	30	40	50
X_3	乙醇浓度（%）	30	40	50
X_4	提取时间（min）	15	25	35

3.2.3 不同提取方法的比较

超声辅助提取法：取 10g 山里红叶粉末置于锥形瓶中并加入浓度为 40%的乙醇溶液 150ml，于 40℃条件下提取 30min。提取完成后，离心，并用 0.22μm 微孔滤膜过滤，进行高效液相分析。

浸渍提取法：取 10g 山里红叶粉末置于锥形瓶中并加入浓度为 40%的乙醇溶液 150ml，室温提取 12 小时。提取完成后，离心，并用 0.22μm 微孔滤膜过滤，进行高效液相分析。

热回流提取法：取 10g 山里红叶粉末置于圆底烧瓶中并加入浓度为 40%的乙醇溶液 150ml，于 80℃条件下提取 1 小时。提取完成后，离心，并用 0.22μm 微孔滤膜过滤，进行高效液相分析。

3.2.4 统计分析

实验重复 3 次。实验数据采用 Design-Expert 8.0.6 软件（State-Ease 公司，美国明尼苏达州）分析。采用方差分析检验超声辅助提取法拟合模型的显著性。$P<0.05$ 时，即可认定为该模型与数据拟合适度。

3.3 结果与讨论

3.3.1 单因素实验结果

基于初步研究，在本研究中优选出 4 个关键因素：液固比、提取温度、乙醇浓度和提取时间。单因素实验选择液固比（5：1、10：1、15：1、20：1、25：1）、提取温度（20℃、30℃、40℃、50℃、60℃）、乙醇浓度（20%、30%、40%、50%、60%）、提取时间（5min、15min、25min、35min、45min），结果如图 3-1 所示。然后用响应面法（response surface methods，RSM）中的 BBD 进行优化。

如图 3-1a 所示，液固比在（5：1）～（15：1）时，山里红叶中 7 种酚类化合物总收率呈增加趋势。当液固比再次提高时，7 种酚类化合物总收率基本不变。这可能是由于在液固比为 15：1 时，山里红叶中活性成分已有大部分被提取出来。若继续加大液固比，容易造成溶剂浪费，在产业化实践过程中也会增加后续工艺负担，造成生产成本增加。所以，液固比 15：1 为最佳提取条件，并确定液固比 10：1、15：1、20：1 为 3 个影响水平继续进行 BBD 优化实验。

如图 3-1b 所示，提取温度在 20～40℃，山里红叶中 7 种酚类化合物总收率呈增加趋势。当温度再次提高时，7 种酚类化合物收率有所减少。这可能是由于在高温条件下，部分热敏性物质分解导致总收率减少，造成山里红叶资源浪费，同时增加能源消耗。所以，提取温度 40℃为最佳提取条件，并确定温度 30℃、40℃、50℃为 3 个影响水平继续进行 BBD 优化实验。

如图 3-1c 所示，乙醇浓度在 20%～40%，山里红叶中 7 种酚类化合物总收率呈增加趋势。当乙醇浓度提高至 60% 时，7 种酚类化合物收率呈降低趋势。这可能是由于乙醇浓度越高，杂质越多，干扰了化合物的提取，造成山里红叶资源浪费。所以，乙醇浓度 40% 为最佳提取条件，并确定 30%、40%、50% 为 3 个影响水平继续进行 BBD 优化实验。

如图 3-1d 所示，提取时间在 5～25min，山里红叶中 7 种酚类化合物收率快速增加。当提取时间超过 25min，虽然 7 种酚类化合物的收率有所增加，但增

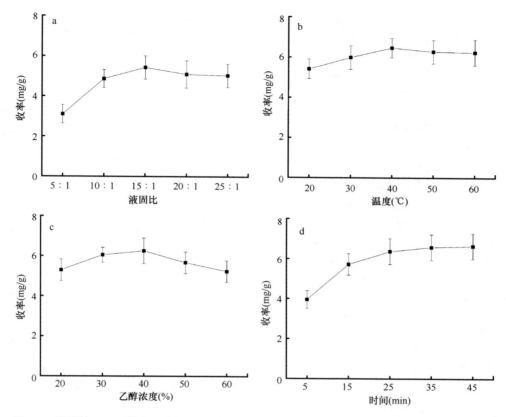

图 3-1　液固比（a）、提取温度（b）、乙醇浓度（c）和提取时间（d）对 7 种酚类化合物收率的影响

加缓慢，且在实际生产过程中生产周期延长，会增加生产成本。所以，提取时间 25min 为最佳提取条件，并确定 15min、25min、35min 为 3 个影响水平继续进行 BBD 优化实验。

3.3.2　响应面实验结果

1. BBD 实验结果

根据单因素实验结果，选择液固比（10∶1、15∶1、20∶1）、提取温度（30℃、40℃、50℃）、乙醇浓度（30%、40%、50%）、提取时间（15min、25min、35min）用于 BBD 优化条件范围。以山里红叶中 7 种酚类化合物收率为响应指标，以工艺参数液固比（X_1）、提取温度（X_2）、乙醇浓度（X_3）、提取时间（X_4）为考察因素进行 BBD 优化实验，相关数据见表 3-2。

表 3-2　提取物中 7 种酚类化合物的 BBD 优化实验结果

运行组	各因素水平值				收率（mg/g）
	X_1	X_2	X_3	X_4	
1	−1（10）	−1（30）	0（40）	0（25）	4.816
2	1（20）	−1（30）	0（40）	0（25）	5.062
3	−1（10）	1（50）	0（40）	0（25）	5.065
4	1（20）	1（50）	0（40）	0（25）	5.117
5	0（15）	0（40）	−1（30）	−1（15）	5.279
6	0（15）	0（40）	1（50）	−1（15）	5.154
7	0（15）	0（40）	−1（30）	1（35）	6.371
8	0（15）	0（40）	1（50）	1（35）	6.289
9	−1（10）	0（40）	0（40）	−1（15）	4.606
10	1（20）	0（40）	0（40）	−1（15）	4.987
11	−1（10）	0（40）	0（40）	1（35）	5.857
12	1（20）	0（40）	0（40）	1（35）	5.957
13	0（15）	−1（30）	−1（30）	0（25）	5.490
14	0（15）	1（50）	−1（30）	0（25）	5.561
15	0（15）	−1（30）	1（50）	0（25）	5.369
16	−1（10）	0（40）	−1（30）	0（25）	5.478
17	0（15）	1（50）	0（40）	−1（15）	5.227
18	0（15）	1（50）	0（40）	1（35）	5.821
19	0（15）	0（40）	0（40）	0（25）	6.121
20	0（15）	0（40）	0（40）	0（25）	6.681
21	0（15）	0（40）	0（40）	0（25）	6.597
22	0（15）	0（40）	0（40）	0（25）	6.385
23	−1（10）	0（40）	1（50）	0（25）	5.316
24	1（20）	0（40）	−1（30）	0（25）	5.789
25	1（20）	0（40）	1（50）	0（25）	5.606
26	0（15）	1（50）	1（50）	0（25）	5.361
27	0（15）	0（40）	0（40）	0（25）	6.635
28	0（15）	−1（30）	0（40）	−1（15）	5.255
29	0（15）	−1（30）	0（40）	1（35）	5.616

注：各行从左到右括号中数据分别代表液固比、提取温度（℃）、乙醇浓度（%）、提取时间（min）

2. 拟合数学模型

表 3-3 二次多项式的方差分析显示，统计分析可以得到一个理想的相关系数（R^2=0.9358），表明模型是精确且适用的。回归方程如下

$$Y = 6.48 + 0.11X_1 + 0.045X_2 - 0.073X_3 + 0.45X_4 - 0.049X_1X_2 - 0.005X_1X_3 - 0.070X_1X_4$$
$$- 0.020X_2X_3 + 0.058X_2X_4 + 0.011X_3X_4 - 0.72X_1^2 - 0.71X_2^2 - 0.29X_3^2 - 0.37X_4^2$$

式中，Y 表示 7 种酚类化合物的总收率（mg/g）；X_1 表示液固比；X_2 表示提取温度（℃）；X_3 表示乙醇浓度（%）；X_4 表示提取时间（min）。

表 3-3　7 种酚类化合物回归模型的方差分析

来源	平方和	df	均方	F 值	P 值	显著性
模型	8.45	14	0.60	14.59	<0.0001	**
X_1	0.16	1	0.16	3.84	0.0704	
X_2	0.025	1	0.025	0.60	0.4529	
X_3	0.064	1	0.064	1.53	0.2357	
X_4	2.43	1	2.43	58.79	<0.0001	**
X_1X_2	9.409×10^{-3}	1	9.409×10^{-3}	0.23	0.6408	
X_1X_3	1.102×10^{-4}	1	1.102×10^{-4}	2.664×10^{-3}	0.9596	
X_1X_4	0.020	1	0.020	0.48	0.5010	
X_2X_3	1.560×10^{-3}	1	1.560×10^{-3}	0.038	0.8488	
X_2X_4	0.014	1	0.014	0.33	0.5759	
X_3X_4	4.622×10^{-4}	1	4.622×10^{-4}	0.011	0.9173	
X_1^2	3.37	1	3.37	81.33	<0.0001	**
X_2^2	3.24	1	3.24	78.42	<0.0001	**
X_3^2	0.56	1	0.56	13.59	0.0024	**
X_4^2	0.91	1	0.91	22.03	0.0003	**
残差	0.58	14	0.041			
失拟检验	0.36	10	0.036	0.67	0.7220	
R^2	0.9358					

** 表示差异极显著（$P < 0.01$）

3. 响应面分析

如图 3-2a 可知，提取温度从 30℃升到 50℃，化合物的收率先增加后下降。是因为温度增加使溶剂黏度增加，提取率随之下降（Dorta et al.，2012；González and Lobo，2010），也可能是因为一些敏感的化合物遇热分解（Liyana-Pathirana and Shahidi，2005）。

如图 3-2b 所示，随着乙醇浓度的增加，化合物的收率先升高后下降，其结果可归因于溶剂极性的变化和乙醇比例的变化（Sahin and Samli，2013）。乙醇会破坏溶质与植物材料间的黏合性（Pan et al.，2012），加入乙醇溶液后，酚类化合物的收率增加，可能是由于介质扩散使植物组织的渗透性增强（Muñiz-Márquez et al.，2013）。然而，高浓度的乙醇可能会使溶液极性增大，阻碍酚类化合物的溶解，降低收率（Wen et al.，2015）。

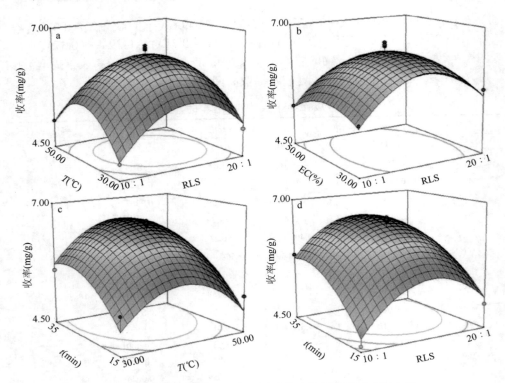

图 3-2　山里红叶提取物中 7 种酚类化合物收率的响应面分析

a. 对液固比（RLS）和提取温度（T）的响应；b. 对乙醇浓度（EC）和液固比的响应；c. 对提取时间（t）和提取温度的响应；d. 对液固比和提取时间的响应

　　如图 3-2c 所示，收率随着提取时间的延长，化合物的收率先增加后基本持平，可能是由于山里红叶中酚类化合物几乎完全提取到溶剂中（Chirinos et al., 2007）。

　　如图 3-2d 所示，液固比在（10∶1）～（20∶1）范围内，化合物收率呈现先快速增加而后下降的趋势。随着溶剂体积的增加，样品之间的界面面积也随之增加，超声提取时形成更多的小气泡，气泡溃灭的空化效应更加强烈。然而，过量的溶剂会消耗超声提取的空化效应，导致提取率下降。此外，为确定最优的生产工艺，应准确按照合适的液固比，避免过量使用溶剂。

4. 验证预测模型

　　在前期实验的基础上建立数学模型，得出超声辅助提取的最佳实验条件为：液固比 15.24∶1，提取温度 40.56℃，乙醇浓度 38.85%，提取时间 30.98min。考虑到实际操作和最终的提取效果，液固比、提取温度、乙醇浓度和提取时间分别选择 15∶1、41℃、39% 和 31min。为使响应面预测实验结果具有可靠性，在优化条件下重复实验 5 次。山里红叶中 7 种酚类化合物的总收率为 6.769mg/g，相对标准偏差为 1.63%，而响应面的预测值为 6.876mg/g。结果表明，实验值非常接近预测值，响应面的设计合理可靠。

3.3.3　不同提取方法的比较结果

在优化条件下，比较浸渍提取法、热回流提取法和超声辅助提取法分别获得的山里红叶中 7 种酚类化合物的收率（表 3-4）。总体而言，超声辅助提取法对 7 种酚类化合物的总提取率接近浸渍提取法，高于热回流提取法。热回流提取法需要较长的时间（4h）和较高的温度（80℃）在长时间加热的情况下，部分热敏性化合物易发生分解。尽管浸渍提取法与超声辅助提取法对 7 种酚类化合物的提取率具有很强的可比性，但浸渍提取法（12h）比超声辅助提取法（31min）消耗更多的时间。加之，超声辅助提取时的空化效应可以提供强大的力量，以机械力打破细胞壁，可在温和的条件下提高提取率。因此，超声辅助提取法只需较短的时间、较低的温度和较低的能量输出，是一种从山里红叶中提取酚类化合物的可靠的提取方法。

表 3-4　不同方法获得的 7 种酚类化合物收率（Mean ± SD）

（单位：mg/g）

化合物	超声辅助提取法	热回流提取法	浸渍提取法
CA	0.058 ± 0.003	0.037 ± 0.007	0.055 ± 0.013
VG	0.22 ± 0.007	0.15 ± 0.011	0.20 ± 0.005
VR	4.09 ± 0.005[**]	2.75 ± 0.015	3.03 ± 0.008
ORT	0.023 ± 0.006	0.019 ± 0.008	0.017 ± 0.014
RT	0.086 ± 0.011	0.072 ± 0.013	0.080 ± 0.003
VIT	0.90 ± 0.010[*]	0.30 ± 0.003	0.88 ± 0.012
HYP	0.64 ± 0.013	0.61 ± 0.006	0.60 ± 0.009

* 表示差异显著（$P<0.05$）；** 表示差异极显著（$P<0.01$）

3.4　本 章 小 结

在本研究中采用响应面法中 BBD 实验对提取条件进行了优化，得到实验的最佳条件：液固比 15：1，提取温度 41℃，乙醇浓度 39% 和提取时间 31min。在最佳优化条件下绿原酸、牡荆素-4″-O-葡萄糖苷、牡荆素-2″-O-鼠李糖苷、荭草苷、芦丁、牡荆素和金丝桃苷的收率分别为（0.058 ± 0.003）mg/g、（0.22 ± 0.007）mg/g、（4.09 ± 0.005）mg/g、（0.023 ± 0.006）mg/g、（0.086 ± 0.011）mg/g、（0.90 ± 0.010）mg/g和（0.64 ± 0.013）mg/g。相比传统的浸渍提取法和热回流提取法，超声辅助提取法是环境友好型方法，此方法可以减少溶剂消耗、缩短提取时间、提高提取率和提取质量。

第 4 章　微波辅助酸水解转化
山里红叶中活性成分

山里红叶中的牡荆素（VIT）是一种黄酮醇类化合物，体内和体外等相关实验均证明黄酮类化合物具有降脂活性，并可能对脂肪肝起作用。然而，山里红叶中 VIT 含量低，牡荆素-4″-O-葡萄糖苷（VG）和牡荆素-2″-O-鼠李糖苷（VR）含量较高。VR、VG 是 VIT 的衍生物，VIT 的 4″位连接 α-D-葡萄糖残基构成 VG，2″位连接 α-L-鼠李糖残基构成 VR（Chang et al.，2002），此结构为酸水解提供了可能性。由于糖苷对酸较敏感，在酸性条件下，通过控制微波功率、温度和时间等条件增加其水解能力，使糖苷键断裂并降低其聚合度。

酸水解的实质是多糖部分降解成可溶的低分子聚合物、低聚糖和单糖（Singh and Bishnoi，2012；Yan et al.，2010）。由实验操作条件决定可溶性化合物的比例，而温度、酸浓度和反应时间是多糖水解中最关键的参数，它们可影响水解的选择性和速率。微波辐射具有加热均匀和耗能低等优点（Qi et al.，2014；Zou et al.，2012），可以迅速控制实验起止过程，具有操作优势（Delazar et al.，2012；Gabriel et al.，1998；Warrand and Janssen，2007）。因此，可以通过微波辅助酸水解（microwave-assisted acid hydrolysis，MAAH）提高山里红叶中 VIT 的水解收率。

本研究通过单因素实验优化山里红叶提取物 MAAH 工艺参数，如酸浓度、微波时间、液固比、乙醇浓度、微波温度和微波功率等，达到了提高水解收率的目的。

4.1   实验材料与设备

盐酸为分析纯，购于天津市天力化学试剂有限公司。
MAS-II 型微波合成/提取工作站，购于上海新仪微波化学科技有限公司。

4.2   实 验 方 法

通过 MAAH 提取山里红叶中黄酮类化合物，并分析每个样品溶液。由保留时间和峰面积测定山里红叶中 3 种黄酮类化合物的收率。首先，通过初步实验，测定了酸浓度（0mol/L、1.0mol/L、2.0mol/L、3.0mol/L）、微波时间（20min、30min、40min、50min）、液固比（10∶1、15∶1、20∶1、25∶1）、乙醇浓度（0%、25%、50%、75%）、微波温度（60℃、65℃、70℃、75℃）及微波功率（500W、600W、700W、800W）6 个因素对山里红叶提取物中黄酮类化合物的影响。然后，进行单因素实验以建立最佳提取条件。

4.2.1   酸浓度

将 1.0g 山里红叶粉末与 50%乙醇溶液以液固比 15∶1 混合于三颈烧瓶中，在微波温度 70℃、微波功率 700W 的条件下提取 15min，考察酸浓度（0mol/L、1.0mol/L、2.0mol/L、3.0mol/L）对 VIT 收率的影响。

4.2.2　微波时间

在已知最佳酸浓度的基础上，在乙醇浓度 50%、液固比 15∶1、微波温度 70℃、微波功率 700W 的条件下考察微波时间（20min、30min、40min、50min）对 VIT 收率的影响。

4.2.3　液固比

在已知最佳酸浓度和微波时间的基础上，不同的液固比（10∶1、15∶1、20∶1、25∶1）进行实验，在乙醇浓度 50%、微波温度 70℃、微波功率 700W 的条件下考察液固比对 VIT 收率的影响。

4.2.4　乙醇浓度

为了进一步提高 VIT 收率，在已知最佳酸浓度、微波时间和液固比的基础上，考察乙醇浓度（0%、25%、50%、75%）对 VIT 收率的影响。

4.2.5　微波温度

根据已经完成的研究结果，其他变量保持不变或最佳条件，考察微波温度（60℃、65℃、70℃、75℃）对 VIT 收率的影响，以确定最佳微波温度。

4.2.6　微波功率

在上述结果基础上，考察微波功率（500W、600W、700W、800W）对 VIT 收率的影响，以得到最佳提取条件和最高 VIT 收率。

4.3　结果与讨论

4.3.1　酸浓度对 VIT 收率的影响

如图 4-1a 所示，随酸浓度的增加，VIT 收率呈增加趋势，酸浓度从 2.0mol/L

增加至 3.0mol/L，VIT 收率保持稳定。这是因为较高的酸浓度可以促进水解（Kirakosyan et al.，2003）。酸水解导致 VG 部分降解为 VIT 和葡萄糖，VR 部分降解为 VIT 和鼠李糖。考虑到节能环保，酸浓度选取 2.0mol/L。

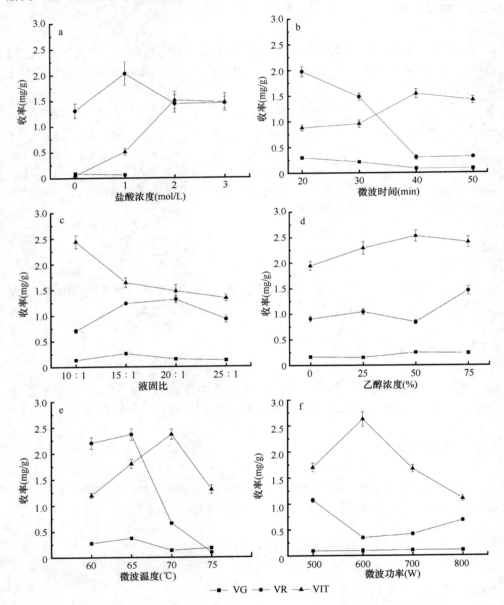

图 4-1　盐酸浓度（a）、微波时间（b）、液固比（c）、乙醇浓度（d）、微波温度（e）和微波功率（f）对山里红叶中 VG、VR、VIT 收率的影响

4.3.2 微波时间对 VIT 收率的影响

如图 4-1b 所示，微波时间从 20min 增加至 40min，VIT 的收率明显增加，在 40min 时收率达到最大值。可以推断细胞破壁需要一定的时间，以促进黄酮醇糖苷从植物细胞内释放到溶剂中，达到有效水解黄酮醇苷的目的（Klein et al.，2012）。因此，微波时间选择 40min 用于进一步实验。

4.3.3 液固比对 VIT 收率的影响

如图 4-1c 所示，随着液固比从 10∶1 到 25∶1，VIT 的收率逐渐下降。同时大量的溶剂增加了后续处理的负担，且提高生产成本，而溶液体积过小则会导致提取和水解不完全（Yao et al.，2012）。因此，液固比选择 10∶1 作为最佳液固比。

4.3.4 乙醇浓度对 VIT 收率的影响

如图 4-1d 所示，乙醇浓度从 0%增加至 50%，可以明显发现 VIT 收率增加明显。VIT 的收率和 VG、VR 的转化率在乙醇浓度 50%时达到最大值。这是因为糖苷微溶于乙醇，不溶于高浓度乙醇（Chandra et al.，2015）。因此，乙醇浓度选择 50%用于进一步的实验。

4.3.5 微波温度对 VIT 收率的影响

如图 4-1e 所示，微波温度从 60℃升至 70℃，VIT 收率明显增加。而当微波温度高于 70℃时，VIT 的收率降低。这是由于随着温度的升高，分子获得更高的动能，使水合氢离子和底物之间碰撞速率增加，超过活化能屏障，引起水解反应，导致糖苷键断裂。但当温度过高时，黄酮醇苷元可能发生异构化（Thygesen et al.，2014）。因此，微波温度选择 70℃作为后续实验的最佳条件。

4.3.6 微波功率对 VIT 收率的影响

如图 4-1f 所示，微波功率从 500W 升至 600W，VIT 收率逐渐增加，然后从 600W 升至 800W 逐渐下降。随着微波功率的增加，加热速率显著增加，这是导致 VIT 收率增加的决定性因素（Wen et al.，2015）。然而，当微波功率过高时，VG 和 VR 不能完全分解，使 VG 和 VR 不能完全转化为 VIT。因此，选择 600W 为最佳微波功率。

通过微波辅助提取（microwave-assisted extraction，MAE）得到的山里红叶提取物色谱图如图 4-2b 所示，存在大量 VR，少量 VG 和 VIT。根据最佳提取条件，山里红叶 MAAH 提取物色谱图如图 4-2c 所示，VIT 收率明显增加，VG 和 VR 收

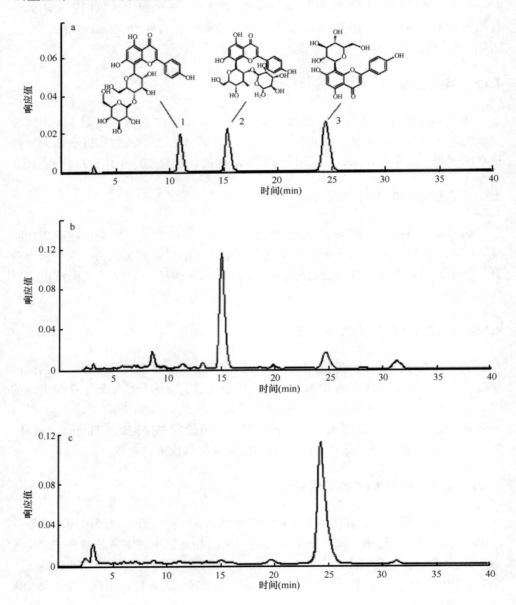

图 4-2 不同山里红叶提取物中 VG、VR、VIT 的高效液相色谱图对比

a. 对照品；b. 山里红叶 MAE 提取物；c. 山里红叶 MAAH 提取物。峰 1 为 VG；峰 2 为 VR；峰 3 为 VIT

率均降低，研究显示，提取的山里红叶中 VIT 的收率提高了 3.31 倍。所以，利用酸转化的方法从山里红叶中提取 VIT 的收率高，可以大规模应用于生产。

4.4　本 章 小 结

本实验研究了微波辅助酸水解的工艺参数对山里红叶中 VIT、VG、VR 收率的影响。结果表明，MAAH 的最佳提取条件为酸浓度 2.0mol/L，微波时间 40min，液固比 10∶1，乙醇浓度 50%，微波温度 70℃，微波功率 600W。在提取条件优化过程中，酸浓度和微波时间对酸水解后 VIT 收率影响明显，最终提取的山里红叶中 VIT 的收率提高了 3.31 倍。根据最佳提取条件，MAAH 可以大规模应用，以获得最大化经济效益。

第 5 章　山里红活性成分季节动态
及其与气候因子的相关性分析

环境因素会影响植物中代谢产物的含量，也会影响植物中有效成分的含量。在日照时间、温度和降水量都适宜的季节，植物体内的初生代谢和次生代谢旺盛，生物量逐步达到峰值，有效成分的含量也相应地随之增加。大量研究表明，阳生植物中活性成分的积累与季节的动态变化密不可分，且活性成分的含量主要与日照时间、温度和降水量相关。植物的生长对日照时间的要求很高，需要有充足的阳光，植物的光合作用才能够正常地进行，才能积累大量有机物。植物的生长在很大程度上也受到温度的影响，温度能够影响植物生理活动的快慢，最显著的一点就是植物生长过程中发生的一些酶反应，需要在适当的温度下才能进行。植物的蒸腾速率和光合速率等因素都会随着降水量的增大而增加。可见，日照时间、温度和降水量的变化对植物的初生代谢产物和次生代谢产物的积累均具有较大影响。

在植物生长期内，植物体内活性成分的积累同样与季节动态密不可分。本章主要研究日照时间、温度和降水量 3 个主要气候因子的动态变化对山里红中主要酚类化合物含量的影响，并找出对山里红活性成分积累影响最大的气候因子。同时通过对山里红季节动态的研究，比较不同时期山里红根、茎、叶和果实的酚类化合物的含量，确定最佳采收时间和最佳采收部位，以便发挥其综合利用价值。

5.1　实验材料与设备

山里红的叶、根、茎及果实，采于 2013 年 5～10 月。茎的直径≤5cm。样品于 60℃烘箱中干燥，经粉碎机粉碎并过筛（60 目），置于 4℃下保存，备用。

无水乙醇为分析纯，购于天津市天力化学试剂有限公司。

5.2　实　验　方　法

5.2.1　样品处理

采收山里红不同月份（2013 年 5～10 月）的根、茎、叶和果实的样品，烘干粉碎并过筛，备用。精密称取 10g 山里红根、茎、叶和果实粉末分别放入锥形瓶中，加入 150ml 40%的乙醇溶液，在超声反应器中提取 30min，温度 40℃，超声功率为 250W。上述过程重复 3 次。过滤，分别合并上清液，减压浓缩至干。取样，定容，用高效液相色谱法分析样品中酚类化合物含量的变化。

5.2.2　统计分析

实验数据采用 SPSS 10.0 统计软件进行统计分析。

5.3　结果与讨论

5.3.1　近十年气候因子的变化统计分析

由于植物中次生代谢产物含量差异取决于所处的环境因素和不同的生长条件，如温度、日照时间和降水量，所以有必要研究具有药用价值植物的成分变化（季节动态），图 5-1 为哈尔滨市 2004～2013 年 5～10 月气候因子的变化趋势。2013 年与2004～2013 年的平均温度、平均降水量和平均日照时间变化趋势无明显差异。

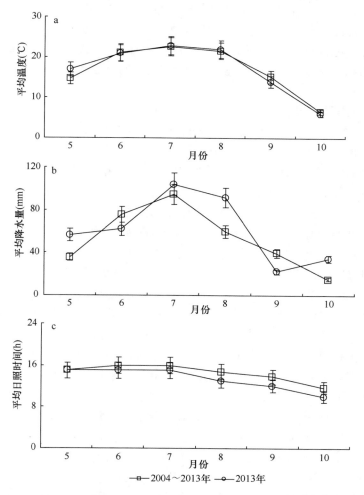

图 5-1　2004～2013 年 5～10 月哈尔滨市平均温度（a）、平均降水量（b）、
平均日照时间（c）曲线

5.3.2　山里红活性成分含量季节动态

5～10 月山里红根中 7 种酚类化合物的含量如图 5-2a 所示。山里红根中 7 种酚类化合物含量由高到低为 VR＞VIT＞HYP＞CA＞VG＞RT＞ORT，VR 的含量由高到低为 9 月＞8 月＞7 月＞6 月＞10 月。山里红根在 9 月 VR 含量最高。

5～10 月山里红茎中 7 种酚类化合物的含量如图 5-2b 所示。山里红茎中 7 种酚类化合物含量由高到低为 VR＞HYP＞CA＞VIT＞RT＞ORT＞VG，VR 的含量由高到低为 8 月＞7 月＞6 月＞5 月＞9 月＞10 月，VIT 的含量由高到低为 6 月＞7 月＞5 月＞8 月＞9 月＞10 月，CA 的含量由高到低为 7 月＞8 月＞6 月＞9 月＞5 月＞10 月。山里红茎在 6 月 VIT 含量最高、7 月 CA 含量最高。

5～10 月山里红叶中 7 种酚类化合物的含量如图 5-2c 所示。山里红叶中 7 种酚类化合物含量由高到低为 VR＞HYP＞VIT＞CA＞VG＞ORT＞RT，VR 的含量由高到低为 9 月＞7 月＞8 月＞10 月＞5 月＞6 月。山里红叶在 9 月 VR 含量最高。

6～10 月山里红果实中 7 种酚类化合物的含量如图 5-2d 所示，山里红果实中 7 种酚类化合物含量由高到低为 VR＞HYP＞CA＞VIT＞RT＞VG＞ORT，VR 的含量由高到低为 9 月＞8 月＞10 月＞7 月＞6 月。山里红果实在 9 月 VR 含量最高。

5～10 月山里红的根、茎、叶、果实中 7 种酚类化合物的含量如图 5-2e 所示。山里红根中 7 种酚类化合物的含量由高到低为 9 月＞8 月＞7 月＞6 月＞10 月＞5 月，山里红茎中 7 种酚类化合物的含量由高到低为 8 月＞7 月＞6 月＞5 月＞9 月＞10 月，山里红叶中 7 种酚类化合物的含量由高到低为 9 月＞8 月＞7 月＞10 月＞5 月＞6 月，山里红果实中总酚含量由高到低为 9 月＞8 月＞7 月＞10 月＞6 月。

黑龙江省哈尔滨市位于亚欧大陆东部的中高纬度（44°04′N～46°40′N，125°41′E～130°13′E），4 月是哈尔滨春季的开始。光合作用在夏季（6～8 月）达到最高水平，山里红的初生代谢和次生代谢逐渐活跃，叶片开始成长。

从植物生态学的角度来说，夏季太阳辐射强，植物通过增加酚类化合物的生物合成来保护自己（Treutter，2001），这段时间酚类化合物不断增加，在 8 月和 9 月达到最高点。因此，山里红根、茎、叶和果实在 8 月和 9 月 7 种酚类化合物含量最高。而到了 10 月，山里红叶片衰老变为黄色，叶片变黄过程中发生一系列生理变化，包括叶绿素、蛋白质和 RNA 等大分子的分解，以及可溶性糖、内源激素等物质含量的降低等。这种叶片的衰老常被看作是一种器官水平上涉及细胞程序性死亡（programmed cell death，PCD）的过程。细胞程序性死亡是多细胞生物体在发育过程中或在某些环境因子的作用下发生的受基因调控的主动的死亡方式。分析认为进入 10 月，哈尔滨市的温度逐渐降低，降水量减小，日照时间变短，在这些环境因子的作用下，山里红的生长发育逐渐趋缓，山里红叶细胞发生程序

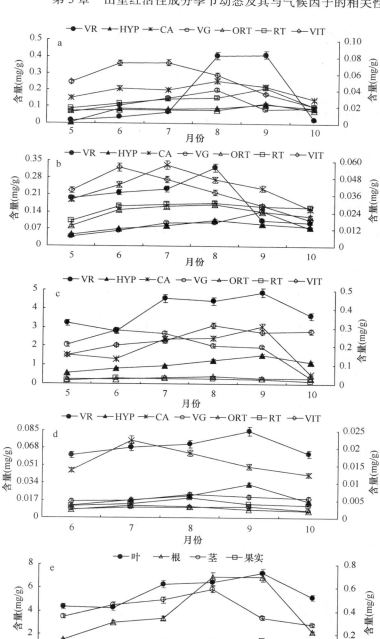

图 5-2　山里红根（a）、茎（b）、叶（c）、果实（d）中 7 种酚类化合物的季节动态含量及总含量（e）

a～d. VR、HYP 对应左侧纵轴，其余 5 种化合物对应右侧纵轴；e. 叶对应左侧纵轴，根、茎和果实对应右侧纵轴

性死亡，叶片逐渐凋落，营养成分和其他有用的物质被运送到植物的其他部分积累，为度过漫长的冬季（气候学中 11 月至翌年 3 月）做好物质储备。另外，山里红根、茎、叶和果实中存在的 7 种酚类化合物中 VR 含量最高，因此 VR 的含量变化可以代表 7 种酚类化合物的总含量的变化趋势。

由于山里红叶提取物在 9 月时酚类化合物含量最高，所以我们选取 9 月山里红叶为材料，研究影响山里红叶中 7 种酚类化合物含量的主要气候因子。

5.3.3 相关性分析

我们选取温度、降水量和日照时间 3 个气候因子，研究了其与山里红叶中 7 种酚类化合物含量的相关性，如图 5-3 所示。

在图 5-3a 中，7 种酚类化合物中 VG 和 RT 含量明显增加，这可能是温度上升导致的。因为大多数化合物都会受到温暖气候的影响，而酚类化合物与温度因素呈正相关（Bertrand et al.，2012）。本研究显示，温度变化对酚类化合物代谢具有重要的作用。

在图 5-3b 中，降水量与 7 种酚类化合物的相关系数小于 0.5。因此，酚类化合物的含量与降水量不相关，这说明降水量对山里红叶中 7 种酚类化合物的含量没有明显影响。

在图 5-3c 中，VG 与日照时间的相关性显著（$P < 0.05$）。此结果与 Bertrand 等（2012）报道的数据相近。

实验结果表明，VG 与温度和日照时间呈正相关，相关性显著（$P < 0.05$），RT 与湿度呈正相关，相关性显著（$P < 0.05$），7 种酚类化合物均与降水量的相关性不显著。因此，温度和日照时间对山里红叶中 7 种酚类化合物含量有重要影响。

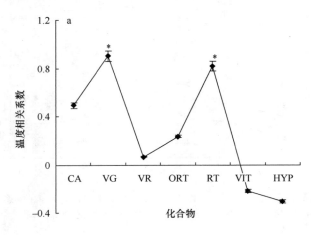

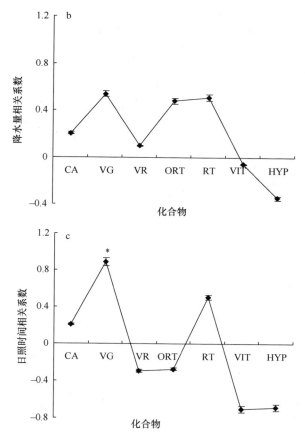

图 5-3　9 月山里红叶中 7 种酚类化合物与温度（a）、降水量（b）、日照时间（c）的相关性分析
*表示差异显著（P＜0.05）

5.4　本　章　小　结

　　本章研究了 5～10 月山里红根、茎、叶和果实中 7 种酚类化合物含量的变化。与山里红根、茎和果实相比，山里红叶中 7 种酚类化合物含量最高。季节动态实验结果显示，在 9 月时山里红叶中 7 种酚类化合物含量最高，从而确定 9 月为山里红叶片的最佳采收期。

　　选取温度、降水量和日照时间 3 个气候因子，研究了其与山里红叶中 7 种酚类化合物含量的相关性，结果表明，山里红叶含量最高的两种成分牡荆素-4″-O-葡萄糖苷和芦丁与温度和日照时间呈显著正相关（P＜0.05），芦丁与日照时间呈显著正相关（P＜0.05），7 种酚类化合物均与降水量的相关性不显著。因此，山里红叶中 7 种酚类化合物的含量主要取决于温度和日照时间，与降水量相关性较小。

第 6 章　山里红提取物抗氧化活性和
促血管生成能力

酚类化合物是羟基苯甲酸和肉桂酸的衍生物，有助于提高植物整体的抗氧化活性。许多研究显示，酚类化合物尤其是黄酮类化合物因离子反应而具有广泛的自由基清除活性。山里红提取物因为富含绿原酸（CA）、牡荆素-4″-O-葡萄糖苷（VG）、牡荆素-2″-O-鼠李糖苷（VR）、荭草苷（ORT）、芦丁（RT）、牡荆素（VIT）和金丝糖苷（HYP）等酚类化合物，很可能成为潜在的抗氧化剂和食品工业中的添加剂。本研究通过几种体外抗氧化活性的检测方法，包括 DPPH 自由基清除能力、ABTS⁺清除能力和还原能力实验等，全面评估了山里红叶提取物的抗氧化活性。

鸡胚绒毛尿囊膜（chick embryo chorioallantoic membrane，CAM）实验提供了一种特殊的模型，可研究目标产物对血管结构的影响。它是研究血管生成及化合物活性最常用的体内模型。作为血管生成模型，CAM 实验已有许多应用，包括药物递送系统的体内评估、肿瘤植入、CAM 促血管生成实验和毒理学研究等（Li et al.，2015；Buzzá et al.，2014；Lokman et al.，2012）。该模型通过比较 CAM 血管的变化，可以更有效地对新生血管进行计数比较，常用于促血管和抗血管生成药物的评价和筛选（Özcetin et al.，2013）。

本章对不同提取方法的提取物抗氧化活性、山里红不同部位的抗氧化活性和不同时期山里红叶的抗氧化活性进行了研究，确定了提取方法、采收部位和采收时间对抗氧化活性的影响，并利用 CAM 实验测定了山里红叶提取物酸转化前和转化后对血管生成能力的影响。

6.1　实验材料与试剂

抗氧化实验：DPPH 和 ABTS⁺购于美国 Sigma-Aldrich 有限公司。其他试剂均为国产分析纯。

CAM 实验：恒温培养箱，镊子，酒精棉，医用胶布，显微镜，电刻刀，药膜，1ml 注射器，鸡胚（购于中国农业科学院哈尔滨兽医研究所）；阳性对照为通络生骨胶囊，购于浙江海正药业股份有限公司。

其他试剂均为分析级或光谱级，购于国药集团化学试剂北京有限公司。超纯水由 Milli-Q 超纯水系统制得。

6.2　实　验　方　法

6.2.1　山里红提取物抗氧化活性测定

1. DPPH 自由基清除实验

山里红叶的抗氧化活性是通过 DPPH 自由基清除能力来评估的。将不同浓度的样品在 50% 的乙醇溶液（100μl）中溶解后加入 50% 的乙醇溶液（1.4ml），然后加入 0.004% 的 DPPH 水溶液（1ml）。混合后振荡，在室温下避光放置 70min，在波长 517nm 处测定吸光值，上述步骤重复 3 次。样品 DPPH 的抗氧化能力以 IC_{50} 表示。山里红根、茎、果实的测定过程同山里红叶（罗猛等，2016）。

DPPH 自由基清除活性的计算公式：

$$DPPH自由基抑制率（\%）=\left[\frac{对照品吸光度\,(517nm)-样品吸光度\,(517nm)}{对照品吸光度\,(517nm)}\right]\times100\%$$

2. $ABTS^+$ 清除实验

$ABTS^+$ 为稳定的自由基，$ABTS^+$ 的水溶液为蓝绿色，其在波长 734nm 处具有特定的吸光值，若 $ABTS^+$ 与样品反应，其吸光值会降低，吸光值越低表示样品清除 $ABTS^+$ 的能力越强。另外，本实验使用 Trolox 作为定量参考对照品，以紫外可见吸收光谱在波长 734nm 处测定吸光值，并根据此吸光值与 Trolox 浓度关系求出标准曲线之回归式。样品分析方面，则以样品取代对照品（Trolox）进行反应，并测量其吸光值。将样品吸光值代入回归式即可算出每 0.5mg/ml 样品或 1mmol/L 纯化合物相当于多少毫摩尔每升的 Trolox 清除 $ABTS^+$ 的能力，并以此表示样品总抗氧化能力（trolox equivalent antioxidant activity，TEAC）（罗猛等，2016）。

3. 还原能力实验

将赤血盐［$K_3Fe(CN)_6$］还原成黄血盐［$K_4Fe(CN)_6$］，黄血盐再与 Fe^{3+} 作用生成普鲁士蓝，在波长 700nm 处测定吸光值，以检测普鲁士蓝的生成量，来表示样品的还原能力，吸光值越高表示样品还原能力越强。取样品溶液加入 pH=6.6 的磷酸盐缓冲溶液与铁氰化钾混合，水浴后，以冰块快速冷却。然后加入三氯乙酸再离心取上层液，加入蒸馏水和三氯化铁。在室温下混合均匀，以紫外/可见分光光度计测定波长 700nm 处的吸光值。

6.2.2　CAM 实验

将孵育 6 天的鸡蛋在 37℃和相对湿度 60% 的培养箱中孵育一天。将 7 日龄鸡胚用 75% 的乙醇溶液清洁表面。在无菌条件下使用电雕刻在蛋壳气室处打开直径为 1.5～2.0cm 的圆形小口，使用消毒的镊子展开鸡胚，分离壳膜，露出含有中心静脉的鸡胚部分。然后，加入载体并注射 20μl 样品溶液。

MAAH、MAE 和阳性对照的样品溶液均为 25mg/ml，VIT、VR 和 VG 均为

0.6mg/ml。用胶带密封蛋壳，并将鸡胚在37℃的潮湿培养箱中重新孵育。第10天，取出鸡胚，并固定在含50%丙酮的甲醇溶液中。阳性和阴性对照，各浓度各取10枚鸡胚。阳性和阴性对照的溶液浓度不同，观察到的结果不同。通过血管平均面积和数目来评价血管的生成情况。根据血管的直径，进一步分为大血管（Ⅰ级血管，100～300μm）、中血管（Ⅱ级血管，50～100μm）和小血管（Ⅲ级血管，<50μm）。人工计数具有血管生成或抑制的鸡胚数量。

6.3　结果与讨论

6.3.1　山里红提取物抗氧化活性分析

1. 不同提取方法提取物抗氧化活性的比较

方法不同获取的山里红叶提取物抗氧化活性也有差异，结果见表6-1。超声辅助提取法表现出显著的DPPH自由基清除活性，且IC_{50}［（0.69 ± 0.003）mg/ml］优于热回流提取法的IC_{50}［（2.34 ± 0.011）mg/ml］和浸渍提取法的IC_{50}［（1.04 ± 0.007）mg/ml］。超声辅助提取法表现出的抗氧化活性在还原能力实验中表现出IC_{50}［（0.24 ± 0.013）mg/ml］优于热回流提取法的IC_{50}［（0.89 ± 0.011）mg/ml］和浸渍提取法的IC_{50}［（0.43 ± 0.015）mg/ml］。此外，超声辅助提取法表现出的$ABTS^+$清除活性值为（0.86 ± 0.001）mmol/g Trolox，高于热回流提取法的（0.20 ± 0.004）mmol/g Trolox和浸渍提取法的（0.28 ± 0.002）mmol/g Trolox。这些结果表明，超声提取物富含酚类化合物，其抗氧化活性优于热回流提取物和浸渍提取物。抗氧化活性筛选结果表明，山里红叶提取物可作为潜在的抗氧化活性剂或食品和制药工业添加剂。

表 6-1　不同方法提取的山里红叶提取物抗氧化活性（Mean ± SD）

样品	DPPH自由基清除实验 IC_{50}（mg/ml）	$ABTS^+$清除实验（mmol/g Trolox）	还原能力实验 IC_{50}（mg/ml）
超声辅助提取法	0.69 ± 0.003*	0.86 ± 0.001*	0.24 ± 0.013*
热回流提取法	2.34 ± 0.011	0.20 ± 0.004	0.89 ± 0.011
浸渍提取法	1.04 ± 0.007	0.28 ± 0.002	0.43 ± 0.015
维生素C	0.074 ± 0.015	1.021 ± 0.014	—
二丁基羟基甲苯（BHT）	—	—	0.125 ± 0.005

* 表示差异显著（$P < 0.05$）

2. 山里红不同部位提取物抗氧化活性的比较

山里红不同部位提取物的抗氧化活性有很大不同，结果列于表 6-2 中。山里红 7 月根提取物和 9 月茎、叶、果实提取物表现出较强 DPPH 自由基清除能力，用 IC_{50} 值表示分别为（0.13 ± 0.004）mg/ml、（0.29 ± 0.004）mg/ml、（0.69 ± 0.008）mg/ml 和（0.98 ± 0.004）mg/ml，这些月份的提取物比其他月份活性更强。此外，在还原能力实验中，7 月山里红根提取物，9 月茎、叶和果实提取物的抗氧化活性，用 IC_{50} 表示分别为（0.14 ± 0.004）mg/ml、（0.21 ± 0.003）mg/ml、（0.24 ± 0.001）mg/ml 和（0.34 ± 0.006）mg/ml，其还原能力比其他月份的提取物更好。山里红 7 月根提取物及 9 月茎、叶和果实提取物的 $ABTS^+$ 清除活性用 IC_{50} 表示分别为（0.57 ± 0.025）mmol/g Trolox、（0.46 ± 0.005）mmol/g Trolox、（0.34 ± 0.003）mmol/g Trolox

表 6-2　山里红不同部位提取物的抗氧化活性（Mean ± SD）

样品	月份	DPPH 自由基清除实验 IC_{50}（mg/ml）	$ABTS^+$ 清除实验（mmol/g Trolox）	还原能力实验 IC_{50}（mg/ml）
根	5	0.29 ± 0.003	0.38 ± 0.010	0.26 ± 0.001
	6	0.23 ± 0.003	0.46 ± 0.020	0.16 ± 0.007
	7	0.13 ± 0.004	0.57 ± 0.025	0.14 ± 0.004
	8	0.19 ± 0.006	0.49 ± 0.005	0.24 ± 0.003
	9	0.28 ± 0.005	0.32 ± 0.005	0.30 ± 0.002
	10	0.39 ± 0.001	0.18 ± 0.006	0.43 ± 0.007
茎	5	0.70 ± 0.004	0.15 ± 0.008	0.47 ± 0.006
	6	0.46 ± 0.007	0.24 ± 0.008	0.39 ± 0.005
	7	0.33 ± 0.008	0.41 ± 0.002	0.22 ± 0.005
	8	0.34 ± 0.003	0.36 ± 0.014	0.26 ± 0.002
	9	0.29 ± 0.004	0.46 ± 0.005	0.21 ± 0.003
	10	0.41 ± 0.003	0.21 ± 0.088	0.40 ± 0.004
叶	5	1.63 ± 0.050	0.20 ± 0.012	0.41 ± 0.004
	6	0.91 ± 0.021	0.27 ± 0.018	0.27 ± 0.002
	7	0.85 ± 0.030	0.33 ± 0.006	0.29 ± 0.002
	8	0.79 ± 0.003	0.34 ± 0.012	0.26 ± 0.005
	9	0.69 ± 0.008	0.34 ± 0.005	0.24 ± 0.001
	10	0.69 ± 0.003	0.30 ± 0.006	0.30 ± 0.008
果实	5	—	—	—
	6	2.32 ± 0.009	0.11 ± 0.005	1.57 ± 0.003
	7	1.93 ± 0.005	0.12 ± 0.010	1.50 ± 0.002
	8	1.58 ± 0.006	0.16 ± 0.009	1.37 ± 0.004
	9	0.98 ± 0.004	0.28 ± 0.026	0.34 ± 0.006
	10	1.07 ± 0.003	0.21 ± 0.037	0.55 ± 0.004

注：DPPH 自由基清除实验和 $ABTS^+$ 清除实验中的维生素 C 分别是 0.08mg/ml（IC_{50}）和 1.06mmol/g Trolox

和（0.28 ± 0.026）mmol/g Trolox，IC_{50} 优于其他月份的提取物。虽然山里红的根和茎具有更好的抗氧化活性，但它们不适合采收。因此，9 月山里红叶提取物总酚含量较高，且比其他月份具有更好的抗氧化活性。又因山里红叶是丰富的副产物和可再生部位，大多被当作农业废弃物，不仅污染环境，而且没有更好地发挥其医疗价值和经济价值。该抗氧化活性筛选结果表明，山里红提取物在医药和食品工业可作为潜在的抗氧化剂。

3. 山里红提取物活性成分及抗氧化活性主成分分析

主成分分析（principal component analysis，PCA）能将多个变量通过线性变化，筛选出少数重要变量，并比较其差异（Wei et al.，2013）。在用统计分析方法研究多变量时，变量个数太多会增加研究的复杂性，人们自然希望变量个数较少而得到的信息较多。在很多情况下，变量之间是有一定相关关系的，当两个变量之间有一定相关关系时，可以解释为这两个变量反映研究的信息有一定的重叠。主成分分析在原先提出的所有变量中，将重复的变量（关系紧密的变量）删去，建立尽可能少的新变量，使得这些新变量两两不相关，且能保证这些新变量在反映研究的信息方面尽可能保持原有的信息。目前主成分分析已被用于研究活性成分含量与抗氧化活性之间的关系。因此，我们试图采用主成分分析对山里红主要活性成分含量与抗氧化活性数据进行分析，结果如下。

$$PC1 = 0.862\ CA + 0.792\ VG + 0.859\ VR + 0.876\ ORT + 0.593\ RT + 0.897\ VIT$$
$$+ 0.816\ HYP + 0.615\ TF - 0.370\ DPPH + 0.466\ ABTS - 0.668\ RC$$
$$PC2 = 0.380\ CA + 0.423\ VG + 0.495\ VR - 0.143\ ORT - 0.584\ RT + 0.344\ VIT$$
$$+ 0.437\ HYP - 0.332\ TF + 0.879\ DPPH - 0.732\ ABTS + 0.653\ RC$$

第 1 主成分（PC1）为 CA、VG、VR、ORT、VIT、HYP、总黄酮（TF）和还原力（RC），其值分别为 0.862、0.792、0.859、0.876、0.897、0.816、0.615 和–0.668。第 2 主成分（PC2）为 RT、DPPH、ABTS 和 RC，其值分别为–0.584、0.879、–0.732 和 0.653。PC1 和 PC2 的数据分析相关性分别为 54.11% 和 27.99%。

如图 6-1a 所示，其表示各化合物与 DPPH 自由基清除能力、$ABTS^+$ 清除能力和还原能力具有良好的相关性。在抗氧化活性实验中，DPPH 自由基清除实验和还原能力实验的值越低，$ABTS^+$ 清除能力数值越高，抗氧化效果越好。在 PC1 中的 CA、VG、VR、ORT、VIT 和 HYP 也具有较高值，证明它们具有良好的抗氧化活性。与其他成分相比，TF 和 RT 与 DPPH 自由基清除能力、$ABTS^+$ 清除能力和还原能力的相关性更高，VR 是山里红叶样品中 7 种主要酚类化合物中含量最高的，因此，VR 可被认为是山里红叶提取物抗氧化活性的主要贡献者之一。

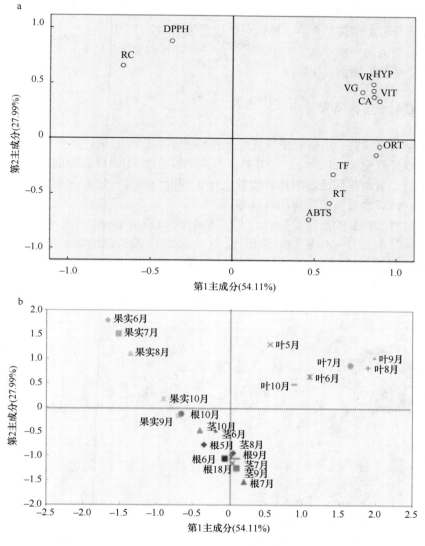

图 6-1　山里红不同部位主要活性成分与抗氧化活性主成分分析

a. 山里红提取物中主要活性成分与抗氧化活性；b. 5～10 月山里红样品。RC：还原能力

　　主成分分析可以根据所有样品组分数据图，用分离累积相关性来评分，以比较样品的相似性和差异性（Wei et al.，2013）。5～10 月的山里红均集中出现在图 6-1b 右上角，证明它们与 PC1 和 PC2 相关性较好。而且，9 月的山里红叶在图的最右上角，说明它具有较高水平的抗氧化活性，与活性成分间具有良好的相关性，表明它是一个较好的、具有开发潜力的抗氧化剂资源。5～10 月的山里红根与茎相关性类似，因为它们具有相似的主要活性成分含量和抗氧化活性。6～10 月山里红果实样

品与 PC1 负相关程度最高，表示其主要活性成分含量与抗氧化活性最低。

主成分分析结果结合前述测定分析结果显示，9 月山里红叶具有最佳抗氧化活性和最高酚类化合物含量。综上所述，山里红叶具有显著抗氧化活性，它是中国北方极具价值的天然抗氧化资源。

6.3.2　CAM 实验结果分析

根据前人研究，用血管生成促进剂和抑制剂的标准或测试溶液处理后，CAM 中血管数目改变（Belle et al.，2014）。为了评估通过 MAAH 获得的水解产物对血管生成的影响，我们通过平均血管数进行了分析。将其固定在含 50%丙酮的甲醇溶液中，计算通过图像获得的血管数。

空白对照样品的血管以放射分支状图案排列，覆盖 CAM 的整个面积（图 6-2a 和 b）。与图 6-2d 中 MAE 的结果相比，图 6-2c 的图像清楚地显示出经过 MAAH 产物处理后血管数增加，结果优于阳性对照样品（图 6-2e）并且与 VIT 标准物（图 6-2e 和 f）相似。图 6-2g 和 h 表明 VG 和 VR 标准物中的血管较细，证明此条件（MAAH 产物及用 VIT 处理）是影响血管生成的重要因素。

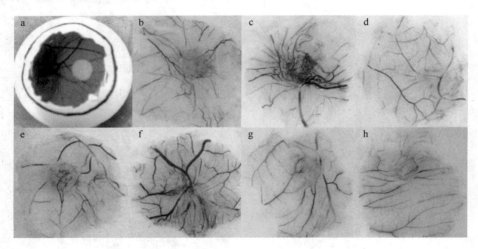

图 6-2　山里红活性成分促进血管生成 CAM 实验

a. 胚胎和绒毛尿囊膜的鸡蛋的垂直视图；b. 空白对照；c. MAAH 产物；d. MAE；e. 阳性对照；
f. VIT；g. VG；h. VR

由图 6-3 可知，样品和标准物处理后的血管数比空白对照组多，证明它们均具有促进血管生成的作用。VIT 培养后Ⅱ级和Ⅲ级血管的数量均高于 VG 和 VR，说明 VIT 具有促进血管生成的能力。由 MAAH 产物培养的Ⅰ级血管数多于 MAE，Ⅱ级血管数少于 MAE，Ⅲ级血管数多于 MAE。用 MAAH 产物处理后的所有血管的数量比阳性对照样品多，并且与 VIT 标准物类似。结果进一步证明 MAAH 产物的作用与 VIT 标准物相似，MAAH 产物具有显著促进血管生成的能力。

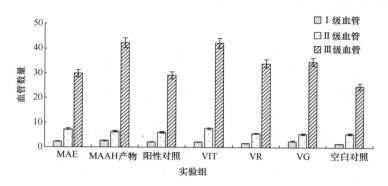

图 6-3 CAM 实验血管数统计结果

6.4 本 章 小 结

本章通过 DPPH 自由基清除能力、$ABTS^+$清除能力和还原能力实验检测了山里红不同提取方法和不同提取部位的抗氧化活性，并进一步分析山里红叶中主要成分与抗氧化活性的相关性。另外，通过鸡胚绒毛尿囊膜实验研究了山里红叶提取物促血管生成的作用。

（1）山里红不同提取方法抗氧化活性比较

采用 DPPH 自由基清除能力、$ABTS^+$清除能力和铁离子还原能力 3 种抗氧化研究分析方法，对不同提取方法的山里红叶提取物进行了抗氧化活性评价。结果表明，3 种提取方法得到的山里红叶提取物均具有一定的抗氧化活性，其中超声辅助提取法获得的提取物抗氧化活性最好，这是由于超声辅助提取法得到的酚类化合物较其他两种传统的提取方法获得的酚类化合物含量高，从而影响了其抗氧化活性。

（2）山里红不同月份、不同部位提取物抗氧化活性研究

采用 DPPH 自由基清除能力、$ABTS^+$清除能力和铁离子还原能力 3 种抗氧化研究分析方法，对山里红 5～10 月不同提取部位的提取物进行抗氧化活性评价。结果表明，山里红根提取物较茎提取物、叶提取物和果实提取物有更好的抗氧化活性，山里红根提取物在 7 月达到氧化活性最高值，山里红茎提取物、叶提取物和果实提取物在 9 月达到抗氧化活性最高值。

（3）山里红不同月份、不同部位提取物及主要活性成分与抗氧化活性的主成分分析研究

通过采用主成分分析的方法，对山里红主要活性成分和各部位抗氧化活性相

关性进行了分析。山里红主要活性成分与抗氧化活性主成分分析的结果表明，山里红 7 种主要活性成分中 TF 和 RT 与 DPPH 自由基清除能力、ABTS$^+$清除能力和还原能力的相关性更高。并且主要活性成分含量与抗氧化活性间具有良好的相关性。山里红各部位与抗氧化活性主成分分析的结果表明，山里红提取物抗氧化活性与采收部位相关。其中 9 月山里红叶具有最佳抗氧化活性且酚类化合物含量最高，是一个较好的、具有开发潜力的抗氧化剂资源。山里红茎和根相关性类似，它们的主要活性成分含量和抗氧化活性相似，山里红果实负相关程度最高，其主要活性成分含量与抗氧化活性最低。

（4）山里红主要活性成分促血管生成鸡胚绒毛尿囊膜实验

通过鸡胚绒毛尿囊膜实验，评价 MAE 和 MAAH 产物对促血管生成的影响。结果表明，MAAH 产物处理后的鸡胚绒毛尿囊膜表面血管的数量比阳性对照样品多，并且与 VIT 标准物类似，血管数量统计结果进一步证明了 MAAH 产物与 VIT 标准物的作用相似，表明 MAAH 产物具有促进血管生成的能力。

第 7 章　山里红叶转化物超细微粉的
制备及其表征

在前面的研究中，我们利用微波辅助酸水解技术将山里红叶提取物中牡荆素-4″-O-葡萄糖苷（VG）、牡荆素-2″-O-鼠李糖苷（VR）转化为牡荆素（VIT）。然而，VIT 是黄酮醇类化合物，水溶性差，限制了其广泛应用。因此，需要一种方法提高 VIT 的水溶性、口服利用效率，以提高其生物利用度。

提高水溶性的方法有许多，最常用的方法就是减小药物的粒径，增大其总表面积，这是因为药物的溶出速率主要取决于它本身的性质和颗粒大小。近些年来迅速发展起来的超临界反溶剂技术（SAS）可以有效地将固体药物的粒径减小，从而提高药物的生物利用度。该技术是将溶有需要制作超细微粉的溶质的溶液与某种超临界流体相混合，这种超临界流体虽然对溶液中溶质的溶解能力很差（或根本不溶），但溶液中的有机溶剂能与超临界流体互溶（任杰和张鹏，2005）。当溶液与该超临界流体混合时，溶液会发生体积膨胀，超临界二氧化碳作为抗溶剂，溶入溶液中，降低了溶剂的溶解能力，使溶质以粒子形式析出。因此，利用 SAS 制备山里红叶转化物超细微粉的优势在于可以控制粒度和粒径分布，溶剂可回收利用，低成本和环境友好，操作条件温和，终产物无有机溶剂污染等。

7.1   实验材料与设备

CO_2 钢瓶, 哈尔滨卿华工业气体有限公司, 纯度＞99.9%; X 射线衍射仪（Bruker D8 advance XRD）, 德国布鲁克 AXS 公司; 激光粒度仪（Zeta PALS）, 美国 Brook Heaven 公司; 红外光谱仪（IR Affinity-1）, 日本岛津（SHIMADZU）公司; 扫描电子显微镜（Quanta 200）, 荷兰 FEI 公司。

7.2   实 验 方 法

7.2.1   SAS 制备山里红叶转化物超细微粉

在开展实验时首先检查系统的气密性，打开 CO_2 进口阀，启动冷凝罐开关，然后启动结晶釜和分离釜的加热器（15、22），分别设置好待冷凝罐（4）、结晶釜（12）和分离釜（19）的温度（图 7-1）。待冷凝罐、结晶釜和分离釜内达到预定温度后，钢瓶中的 CO_2 经高压泵和冷凝罐进入结晶釜内，使结晶釜内达到预定压力。系统稳定后，将配制好的 100ml 样品溶液以匀速由高压输液泵从釜顶通过喷嘴（规格为 150μm）喷入结晶釜内，含有溶剂的 CO_2 经节流阀进入分离釜，在分离釜中实现溶剂的回收，CO_2 则经管路回到冷凝罐，实现 CO_2 的循环利用。100ml 溶液进样完成后再继续加入 100ml 无水乙醇，确保样品完全进入结晶釜内而系统内无残留。待 100ml 无水乙醇进样完成后，停止通入 CO_2，关闭进入分离釜的节流阀，结晶釜保压 20min，将分离釜下面的阀门打开，将溶剂排除。保压结束后，打开节流阀，继续通 CO_2，运行 10min，将分离釜下面的阀门打开，将溶剂排除。然后重复保压—运行操作一次，继续通入 CO_2 约 30min，最终排干残留溶剂，最后关闭 CO_2 进口阀，缓慢将压力降至室压后打开结晶釜取出产品，即得山里红叶酸转化提取物（转化物）超细微粉。

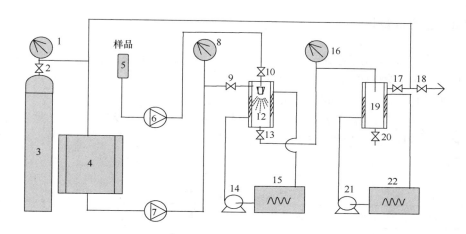

图 7-1　超临界反溶剂设备示意图

1、8、16. 压力表；2、9、10、13、17、18、20. 阀门；3.CO_2气瓶；4.CO_2冷却器；5. 液体溶液供应；6. 液体泵；7.CO_2泵；11. 喷嘴；12. 沉淀室；14、21. 循环泵；15、22. 加热器；19. 气液分离室

7.2.2　单因素实验设计

通过 SAS 将山里红叶转化物制备成超细微粉，并用激光粒度仪测定其粒径。通过初步实验测定温度（50℃、55℃、60℃、65℃）、压力（15MPa、20MPa、25MPa、30MPa）、物料浓度（0.5mg/ml、1.0mg/ml、1.5mg/ml、2.0mg/ml）、进料流速（2ml/min、4ml/min、6ml/min、8ml/min）4 个因素对得到的山里红叶转化物超细微粉颗粒粒径的影响。然后进行单因素实验以建立最佳实验条件。

当物料浓度为 1mg/ml 时，将压力设置为 20MPa，进料流速调节为 6ml/min，将温度分别调至 50℃、55℃、60℃、65℃进行实验，得到超细微粉后用激光粒度仪测定其粒径，考察温度对粒径的影响。

当物料浓度为 1mg/ml 时，将温度设置为 60℃，进料流速调节为 6ml/min，将压力分别调至 15MPa、20MPa、25MPa、30MPa 进行实验，得到超细微粉后用激光粒度仪测定其粒径，考察压力对粒径的影响。

当温度调至 60℃，压力设置为 20MPa，进料流速调节为 6ml/min，已配制完成的物料浓度分别为 0.5mg/ml、1mg/ml、1.5mg/ml、2mg/ml 进行实验，得到超细微粉后用激光粒度仪测定其粒径，考察物料浓度对粒径的影响。

当物料浓度为 1mg/ml 时，将压力设置为 20MPa，温度设置为 60℃，将进料流速调节为 2ml/min、4ml/min、6ml/min、8ml/min 进行实验，得到超细微粉后用激光粒度仪测定其粒径，考察进料流速对粒径的影响。

7.2.3 正交试验设计

溶液的过饱和度是影响 SAS 形成超细微粉效果的最主要因素。最终确定温度、压力、物料浓度、进料流速对 SAS 形成超细微粉的效果有重要影响，对超细微粉的大小、分布和形状都有潜在的影响，所以工艺条件的优化是 SAS 制备的关键一步。采用 L_{16}（4^4）正交试验对 SAS 制备工艺的 4 个重要因素进行优化，各因素水平见表 7-1，按 L_{16}（4^4）正交试验设计安排 16 次实验，如表 7-2 所示。

表 7-1 正交试验各因素水平

因素	温度（℃）	压力（MPa）	物料浓度（mg/ml）	进料流速（ml/min）
1	50	15	0.5	2
2	55	20	1	4
3	60	25	1.5	6
4	65	30	2	8

表 7-2 正交试验设计

序号	因素（温度，℃）	因素（压力，MPa）	因素（物料浓度，mg/ml）	因素（进料流速，ml/min）
1	1（50）	1（15）	1（0.5）	1（2）
2	1（50）	2（20）	2（1）	2（4）
3	1（50）	3（25）	3（1.5）	3（6）
4	1（50）	4（30）	4（2）	4（8）
5	2（55）	1（15）	2（1）	3（6）
6	2（55）	2（20）	1（0.5）	4（8）
7	2（55）	3（25）	4（2）	1（2）
8	2（55）	4（30）	3（1.5）	2（4）

续表

序号	因素（温度，℃）	因素（压力，MPa）	因素（物料浓度，mg/ml）	因素（进料流速，ml/min）
9	3（60）	1（15）	3（1.5）	4（8）
10	3（60）	2（20）	4（2）	3（6）
11	3（60）	3（25）	1（0.5）	2（4）
12	3（60）	4（30）	2（1）	1（2）
13	4（65）	1（15）	4（2）	3（4）
14	4（65）	2（20）	3（1.5）	1（2）
15	4（65）	3（25）	2（1）	4（8）
16	4（65）	4（30）	1（0.5）	3（6）

7.2.4　山里红叶转化物超细微粉粒径的测定

称取山里红叶转化物超细微粉 0.1g 加入 10ml 去离子水中，并使其均一分散。用激光粒度仪测定最终所得的山里红叶转化物超细微粉的平均粒径。

7.2.5　扫描电镜观察

分别取适量山里红转化物和山里红转化物超细微粉，用双面胶固定和喷金，进行扫描电镜拍照，观察样品的形态与分布。

7.2.6　X 射线衍射分析

分别取山里红叶转化物和山里红叶转化物超细微粉少许，用红外灯烘干后，用 X 射线衍射仪分析。测试条件：扫描角度为 2θ，扫描速度为 5°/min，扫描范围为 5°～80°，电压 40kV，电流 30mA。

7.2.7　傅里叶变换红外光谱检测

精密称取 2mg 的山里红转化物和山里红叶转化物超细微粉，分别与 190mg 的 KBr 混合，在红外干燥箱中干燥 2min，同一方向研磨后压片，在波数 4000～500cm^{-1} 进行红外扫描，得到红外光谱图后，分析样品的化学结构（郭东杰等，2014）。

7.2.8 体外溶出度测定方法

参照《中华人民共和国药典：2015 年版. 四部》溶出度与释放度测定法，分别称取处理前和处理后的山里红叶转化物 75mg，以 900ml 蒸馏水为溶出介质，温度为（37±0.5）℃，转速为 50r/min，依法操作，分别于 10min、20min、30min、45min、60min、120min、180min 时取样品液，测定总黄酮在 500nm 波长处的吸光度，计算累计溶出度，并绘制溶出曲线。

7.2.9 大鼠体内生物利用度

将 10 只大鼠随机分为 2 组，在相同的温度、湿度、饮食条件下，饲养 1 周。实验前 12 小时禁食，自由饮水。根据大鼠的体重，分别给予山里红叶转化物（对照组）和山里红叶转化物超细微粉（实验组），给药剂量均为 50mg/kg。采取眼底静脉取血，间隔时间为给药后 0.5h、1h、2h、4h、6h、8h、10h、12h、24h，分别取血 1ml 置于肝素钠抗凝的离心管中。于 3000r/min 离心机中，离心 10min。取上清 100μl 于 1.5ml 离心管中，加甲醇 300μl，涡旋振荡混匀（3min），超声 10min，10 000r/min 离心 10min，取上清液 10μl 进行 HPLC 检测（李永等，2016）。

7.3 结果与讨论

7.3.1 单因素实验

如图 7-2a 所示，温度在 50～60℃，山里红叶转化物微粉的粒径不断减小。但当温度继续升高时，微粉的粒径反而变大。这可能是由于温度升高可以使超临界流体呈现最好的状态，超临界流体可将溶剂乙醇与山里红叶转化物更好地分离，使微粉快速干燥而不团聚。但当温度高于 60℃时，溶液经过喷嘴喷出时，由于黏性过大而容易堵塞。堵塞后的喷嘴喷出的溶液不能呈现均一雾状，导致微粉粒径较大。因此，温度 60℃为最佳实验条件，并选取温度 50℃、55℃、60℃、65℃继续进行正交试验。

如图 7-2b 所示，压力在 15～20MPa，山里红叶转化物微粉的粒径不断减小。但当压力继续增大时，微粉的粒径反而变大。这可能是由于压力增大可以使超临界流体呈现最好的状态，超临界流体可将溶剂乙醇与山里红叶转化物更好地分离，使微粉快速干燥而不团聚。但当压力高于 20MPa 时，形成微粉的钛合金桶内由于压力过大，可能使其微粒聚合性增大。因此，压力 20MPa 为最佳实验条件，并选取压力 15MPa、20MPa、25MPa、30MPa 继续进行正交试验。

如图 7-2c 所示，物料浓度在 0.5～1mg/ml，山里红叶转化物微粉粒径不断减小，而在 1～2mg/ml，微粉的粒径反而变大。这是由于物料有一定的过饱和度才能析出，当浓度小时，只有少量的溶质成粉析出且状态不稳定。当物料浓度大于

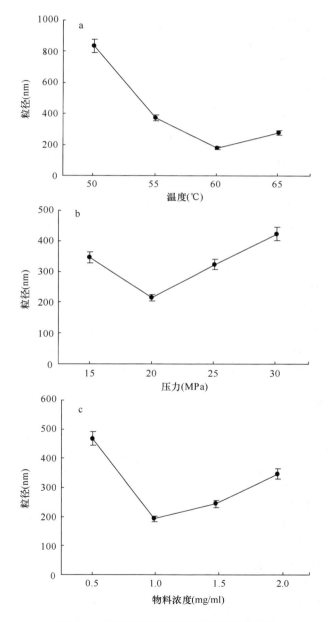

图 7-2 各因素对微粉化颗粒粒径的影响
a. 温度；b. 压力；c. 物料浓度；d. 进料流速

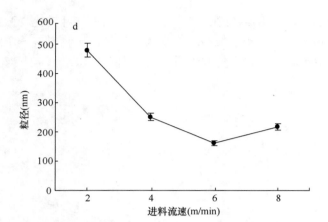

图 7-2　各因素对微粉化颗粒粒径的影响（续）

1mg/ml 时，物料从喷嘴喷出后，微粉互相碰撞机会增大，聚合机会变大，最终得到的微粉粒径就会变大。所以物料浓度 1mg/ml 为最佳实验条件，并选取物料浓度 0.5mg/ml、1.0mg/ml、1.5mg/ml、2.0mg/ml 继续进行正交试验。

如图 7-2d 所示，进料流速在 2～6ml/min，山里红叶转化物微粉的粒径不断减小。但当进料流速继续增大时，微粉的粒径反而变大。这可能是因为在进料速度小时，进入钛合金桶内的物料量比较少，不宜形成微粉，状态不稳定。但当进料流速大于 6ml/min 时，流速过大，超临界流体不能将溶剂乙醇完全干燥，最终使微粉团聚，粒径变大。所以，进料流速 6ml/min 为最佳实验条件，并确定进料流速 2ml/min、4ml/min、6ml/min、8ml/min 继续进行正交试验。

7.3.2　正交试验

我们通过 SAS 将山里红叶转化物进行微粉化制备，为得到最小粒径的微粉，需要对操作条件进行进一步优化。在 SAS 制备过程中影响较大的参数有温度（A）、压力（B）、物料浓度（C）、进料流速（D）。在本研究中，设计正交试验 $L_{16}(4^4)$ 对所选参数进行测试。表 7-3 显示经微粉化后，山里红叶转化物超细微粉最小粒径为 156.4nm，最大粒径为 1030.2nm，最小粒径对应的参数组合是 $A_3B_2C_4D_3$。根据表 7-3 中 R 值得出，4 种因素对粒径影响的顺序为 A＞B＞D＞C，由 K 值得出优化的组合条件是 $A_3B_2C_2D_3$。由于 C 因素影响最小，且其 K_2、K_4 值相近，从提高工艺生产效率的角度，我们选择最优条件为 $A_3B_2C_4D_3$（温度 60℃，压力 20MPa，物料浓度 2mg/ml，进料流速 6ml/min）。

表 7-3　正交试验设计 L_{16}（4^4）和实验结果

序号	温度（℃）	压力（MPa）	物料浓度（mg/ml）	进料流速（ml/min）	粒径（nm）
1	50	15	0.5	2	1030.2
2	50	20	1	4	504.3
3	50	25	1.5	6	743.5
4	50	30	2	8	834.4
5	55	15	1	6	374.5
6	55	20	0.5	8	298.5
7	55	25	2	2	394.5
8	55	30	1.5	4	543.6
9	60	15	1.5	8	227.8
10	60	20	2	6	156.4
11	60	25	0.5	4	358.6
12	60	30	1	2	342.5
13	65	15	2	4	274.6
14	65	20	1.5	2	213.6
15	65	25	1	8	423.5
16	65	30	0.5	6	324.7
K_1	778.100	476.775	503.000	495.200	
K_2	402.775	293.200	411.200	420.275	
K_3	271.325	480.025	432.125	399.775	
K_4	309.100	511.300	414.950	446.500	
R	506.775	218.100	91.800	95.425	

7.3.3　超细微粉制备前后对比

制备前后的山里红叶转化物对比如图 7-3 所示，a 图为山里红叶转化物，提取旋干后的样品呈片状或块状，粒径较大；b 图为山里红叶转化物，经 SAS 处理后的样品为均匀的微小颗粒。

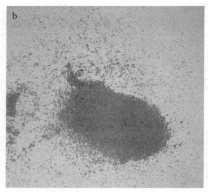

图 7-3 SAS 制备前后的山里红叶转化物对比

a. 山里红叶转化物；b. 山里红叶转化物超细微粉

7.3.4 扫描电镜观察结果

山里红叶转化物和山里红叶转化物超细微粉的扫描电镜结果如图 7-4 所示，山里红叶转化物粒径分布在 13~150μm，形态呈块状，经超临界二氧化碳处理后山里红叶转化物超细微粉形态呈不规则的近球形，排列紧密，粒径分布在 100~200nm，与激光粒度仪测定结果基本一致。

图 7-4 扫描电镜图

a. 山里红叶转化物；b. 山里红叶转化物超细微粉

7.3.5 X 射线衍射分析结果

衍射峰振动的大小反映了物质结晶的程度。如图 7-5 X 射线衍射图所示，山

里红叶转化物在 2θ 角为 28.32°、40.41°、50.10°、58.74°、66.34°、73.59°时出现衍射峰；而经过超临界二氧化碳反溶剂法处理后的山里红提取物在 2θ 角无衍射峰，衍射图上仅显示一条宽带。山里红叶转化物超细微粉与山里红叶转化物相比，衍射强度明显变小。结果表明，经超临界二氧化碳反溶剂法处理后，山里红叶转化物以无定形状态存在。

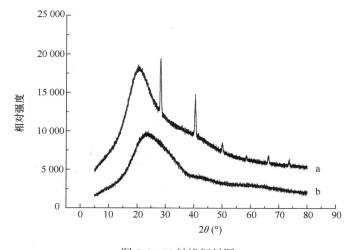

图 7-5　X 射线衍射图

a. 山里红叶转化物；b. 山里红叶转化物超细微粉

7.3.6　傅里叶变换红外光谱检测结果

山里红叶转化物和山里红叶转化物超细微粉红外光谱图如图 7-6 所示。曲线 a 和曲线 b 的特征峰完全相同，表明经超临界二氧化碳反溶剂法处理后，山里红叶转化物化学结构未变化。

7.3.7　体外溶出度结果分析

体外溶出度实验结果如图 7-7 所示，与山里红叶转化物相比，经过 SAS 处理后得到的山里红叶转化物超细微粉溶出度明显提高。在 10min 时，山里红叶转化物超细微粉累计溶出度为（40.02 ± 1.22）%，而山里红叶转化物在 10min 时的累计溶出度仅为（16.12 ± 0.90）%；在 180min 时山里红叶转化物超细微粉溶出度已接近 100%，而山里红叶转化物仅溶出（31.74 ± 1.02）%，山里红叶转化物超细微粉的溶出度是山里红叶转化物的 3.15 倍。可见将山里红叶转化物制备成超细微粉后能显著提高其溶出度，原因是山里红叶转化物经 SAS 处理后，粒径减小，提高了药物的表面积，从而有效提高了药物的体外溶出度。

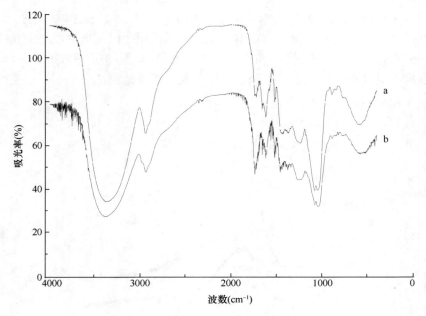

图 7-6　红外光谱图

a. 山里红叶转化物；b. 山里红叶转化物超细微粉

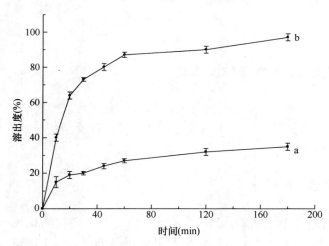

图 7-7　体外溶出曲线

a. 山里红叶转化物；b. 山里红叶转化物超细微粉

7.3.8　大鼠体内生物利用度评价

图 7-8 为山里红叶转化物和山里红叶转化物超细微粉的药时曲线图。虽然，大鼠的灌胃剂量均为 20mg/kg，但山里红叶转化物在大鼠血浆中的溶解度却不同。

灌胃 2 小时时，山里红叶转化物超细微粉在大鼠血浆中为 1.782ng/ml，山里红叶转化物在大鼠血浆中为 0.513ng/ml。灌胃 4 小时时，灌服后都达到最大的血药浓度，其中，山里红叶转化物超细微粉在大鼠血浆中为 2.732ng/ml，山里红叶转化物在大鼠血浆中为 1.541ng/ml，山里红叶转化物超细微粉生物利用度是山里红叶转化物的 1.77 倍。显然，经过超临界二氧化碳反溶剂法处理后的山里红叶转化物超细微粉在大鼠体内的生物利用度高，即大鼠对山里红叶转化物超细微粉的吸收更快。

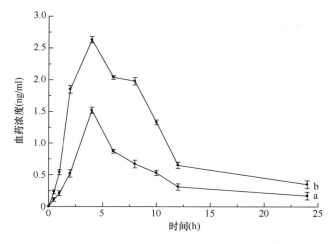

图 7-8 药时曲线（$n = 5$）

a. 山里红叶转化物；b. 山里红叶转化物超细微粉

7.4 本 章 小 结

采用超临界二氧化碳反溶剂法制备山里红叶转化物超细微粉，以提高其溶解度和生物利用度。采用单因素实验和正交试验优化制备条件，得到最佳工艺条件，并得到粒径较小的山里红叶转化物超细微粉，最小粒径为 156.4nm。随后对山里红叶转化物超细微粉进行质量评价和生物利用度测定。

（1）采用超临界二氧化碳反溶剂法制备山里红叶转化物超细微粉，在该工艺中，乙醇和二氧化碳分别被选定为溶剂与反溶剂，其他制备条件（如压力、温度、物料浓度和进料流速）对山里红叶转化物超细微粉的析出过程有重要影响，直接关系到溶液从喷嘴喷出时的雾化状态，二氧化碳与乙醇的扩散程度，影响着山里红叶转化物超细微粉的析出状态和产品收率。通过对温度、压力、进料流速和物料浓度 4 个因素进行的单因素实验和正交试验优化制备条件，并使用激光粒度仪对各组实验产物粒径进行测定，确定了超临界二氧化碳反溶剂法制备山里红叶转化物超细微粉的最佳工艺条件，即当温度 60℃、压力 20MPa、物料浓度 2mg/ml、进料流速 6ml/min，此时所制备的山里红叶转化物超细微粉的粒径最小。

（2）本研究通过扫描电镜、傅里叶变换红外光谱、X 射线衍射等对山里红叶转化物超细微粉进行质量评价，结果显示，山里红叶转化物超细微粉的形貌发生显著变化，经传统方法提取的山里红叶转化物原料形貌各异，呈破碎的片状，但是山里红叶转化物超细微粉呈不规则的近球形，粒径明显减小并且粒径分布均匀。

（3）在体外溶出度的研究中，由体外溶出度曲线可见，SAS 处理后的山里红叶转化物超细微粉溶出度明显高于山里红叶转化物溶出度，山里红叶转化物超细微粉的溶出度是山里红叶转化物的 3.15 倍，并且溶解的速度也更快。大鼠体内生物利用度结果显示，山里红叶转化物超细微粉生物利用度是山里红叶转化物的 1.77 倍。

第 8 章　山里红叶提取物的降血脂活性

高脂血症是一种常见的心血管疾病，临床主要表现为高胆固醇血症（总胆固醇升高）、高甘油三酯血症（甘油三酯升高）或两者兼有。高脂血症是造成动脉硬化的首要危险因素，通常会伴随严重的心脑血管并发症，目前已成为威胁人类健康的主要病症。在临床实验中，血液中总胆固醇（TC）和/或甘油三酯（TG）过高或高密度脂蛋白胆固醇（HDL-C）过低即可判定为高脂血症。目前，降血脂药物的作用机理主要是通过抑制外源性脂质吸收，抑制 TG 和 TC 的内源性合成，影响脂类体内代谢，促进体内 TC 的排泄，抑制血小板聚集，改善血流变异常（邓凤玲，2009）。

山里红含有多种有效成分，可以提高高密度脂蛋白胆固醇、降低低密度脂蛋白胆固醇（LDL-C），有利于清除外周组织中过多的胆固醇，从而改善体内的脂质代谢（英锡相，2007）。山里红在治疗心血管疾病中的卓越表现引起了研究人员的广泛关注。李贵海等（2002）进行了山楂叶降血脂活性成分的实验研究，观察到山楂叶活性成分金丝桃苷和乌苏酸均能明显降低 TC，升高 HDL-C/TC 值，说明其具有降低胆固醇、调节血脂的作用，可减轻高脂血症中超氧自由基对血管内皮的损伤，有利于过氧化脂质的分解和代谢，保护血管内皮。

寻找疗效显著、安全可靠的降血脂药一直是医药界长期研究的课题。本章研究并开发山里红作为可调节血脂的保健食品，对保护人体健康具有重要意义。

8.1　实验材料与设备

TC、TG、HDL-C 和 LDL-C 测定试剂盒购于南京建成生物工程研究所，其他试剂均为国产分析纯。益心酮胶囊购于太极集团浙江东方制药有限公司。Infinite M200 Pro 多功能酶标仪购于瑞士 TECAN 公司。

8.2　实　验　方　法

8.2.1　急性毒性实验

取体重为 20～26g 的健康成年昆明种小白鼠（以下简称：小鼠）260 只，雄性，每组按照体重随机分配。设置正常对照组 1 组，益心酮阳性对照组、山里红叶提取物治疗组、牡荆素治疗组、山里红叶转化物治疗组、山里红叶转化物超细微粉治疗组各 5 组，每组 10 只。经 1 周适应性观察后，灌胃给药，且给药前禁食不禁水过夜，约 12 小时。

益心酮阳性对照组、山里红叶提取物治疗组、牡荆素治疗组、山里红叶转化物治疗组、山里红叶转化物超细微粉治疗组均以 5 个剂量给药，分别多次灌胃给药 12g/kg、10g/kg、8g/kg、6g/kg、4g/kg，正常对照组灌以等量的水。按上述剂量给药后观察急性毒性反应，包括动物行为、眼睑、毛发光泽度、活动情况及排便情况等，连续观察 3～4 小时。再连续 7 天每天上午、下午各观察一次，查看是否有中毒症状，记录死亡个数。

8.2.2　动物分组及体重统计

小鼠分组　昆明种雄性小鼠，按体重随机分为正常对照组（10 只）、高脂血模型组（10 只）、益心酮阳性对照组（10 只）、山里红叶提取物治疗组（10 只）、牡荆素治疗组（10 只）、山里红叶转化物治疗组（10 只）、山里红叶转化物超细微粉治疗组（30 只）。

高脂血症造模组　正常对照组喂普通饲料，其余 5 组饲喂高脂饲料（配方为 80g 猪油放于 1000ml 烧杯中，水浴加热融化，加入胆固醇 40g、加脱氧胆酸钠 8g、丙硫氧嘧啶 4g 及吐温–80 15ml）。小鼠每周称体重一次，喂养 16 天（表 8-1）。16 天后，随机取正常对照组和高脂血模型组各 3 只，摘除眼球取血，测定血清 TC、TG。正常对照组的血清 TC、TG 均低于高脂血模型组，数据差异显著（$P<0.05$），表明小鼠的高脂血症模型已经形成，该批小鼠可用于正式实验（刘全亮和杨中亮，2008）。

表 8-1　各组实验小鼠的灌胃剂量

分组	动物数量（只）	剂量（g/kg）
正常对照组	10	0
高脂血模型组	10	0
益心酮阳性对照组	10	2
山里红叶提取物治疗组	10	2
牡荆素治疗组	10	0.1
山里红叶转化物治疗组	10	2
山里红叶转化物超细微粉治疗组	30	2

给药剂量　正常对照组和高脂血模型组以等体积蒸馏水灌胃，其余各组小鼠按表 8-1 剂量灌胃。给药第 16 天，各组动物均禁食 12 小时，称重，摘除眼球取血，血液样品在转速 3000r/min 的离心机中离心 10min，分离血清。断颈法处死小鼠后，解剖小鼠取肝脏。

检测指标　小鼠于末次给药后禁食不禁水 12 小时，摘除眼球取血，分离血清，按试剂盒测定 TC、TG、HDL-C 及 LDL-C。

8.2.3 肝部脏器系数

取血后断颈处死动物并解剖，取小鼠新鲜肝脏于培养皿中用生理盐水清洗干净，称量总肝质量，计算肝部脏器系数。

8.2.4 高血脂生化指标检测

1. TC 检测

使用 96 孔板操作，再用酶标仪进行比色，设置 3 种比色孔。向空白孔中加入 2.5μl 蒸馏水和 250μl 工作液，混合后于 37℃ 条件下孵育 10min，在 510nm 波长处测定吸光度（OD）。向校准孔中加入 2.5μl 5.17mmol/L 的校准品和 250μl 工作液，混合后于 37℃ 条件下孵育 10min，在 510nm 波长处测定吸光度。向每个样本孔中均加入 2.5μl 血清和 250μl 工作液，混合后于 37℃ 条件下孵育 10min，在 510nm 波长处测定吸光度。

$$TC含量(mmol/g\ prot)=\frac{样本OD值-空白OD值}{校准OD值-空白OD值}\times 校准品浓度(5.17mmol/L)$$

2. TG 检测

使用 96 孔板操作，再用酶标仪进行比色，设置 3 种比色孔。向空白孔中加入 2.5μl 蒸馏水和 250μl 工作液，混合后于 37℃ 条件下孵育 10min，在 500nm 波长处测定吸光度。向校准孔中加入 2.5μl 2.26mmol/L 的校准品和 250μl 工作液，混合后于 37℃ 条件下孵育 10min，在 500nm 波长处测定吸光度。向每个样本孔中均加入 2.5μl 血清和 250μl 工作液，混合后于 37℃ 条件下孵育 10min，在 500nm 波长处测定吸光度。

$$TG含量(mmol/g\ prot)=\frac{样本OD值-空白OD值}{校准OD值-空白OD值}\times 校准品浓度(2.26mmol/L)$$

3. HDL-C 检测

使用 96 孔板操作，再用酶标仪进行比色，设置 3 种比色孔。向空白孔中加入 2.5μl 蒸馏水，再分别加入 180μl R1 工作液和 60μl R2 工作液，混合后于 37℃ 条件下孵育 5min，在 546nm 波长处分别测定吸光度（A1、A2）。向校准孔中加入 2.5μl 1.8mmol/L 的校准品，再分别加入 180μl R1 工作液和 60μl R2 工作液，混合后于 37℃ 条件下孵育 5min，在 546nm 波长处分别测定吸光度（A1、A2）。向每个样本孔中均加入 2.5μl 血清，再分别加入 180μl R1 工作液和 60μl R2 工作液，混合后于 37℃ 条件下孵育 5min，在 546nm 波长处分别测定吸光度（A1、A2）。

$$HDL\text{-}C含量(mmol/L) = \frac{(样本A2 - 样本A1) - (空白A2 - 空白A1)}{(校准A2 - 校准A1) - (空白A2 - 空白A1)}$$
$$\times 校准品浓度(1.8mmol/L)$$

4. LDL-C 检测

使用 96 孔板操作，再用酶标仪进行比色，设置 3 种比色孔。向空白孔中加入 2.5μl 蒸馏水，再分别加入 180μl R1 工作液和 60μl R2 工作液，混合后于 37℃条件下孵育 5min，在 546nm 波长处分别测定吸光度（A1、A2）。向校准孔中加入 2.5μl 4.3mmol/L 的校准品，再分别加入 180μl R1 工作液和 60μl R2 工作液，混合后于 37℃条件下孵育 5min，在 546nm 波长处分别测定吸光度（A1、A2）。向每个样本孔中均加入 2.5μl 血清，再分别加入 180μl R1 工作液和 60μl R2 工作液，混合后于 37℃条件下孵育 5min，在 546nm 波长处分别测定吸光度（A1、A2）。

$$LDL\text{-}C含量(mmol/L) = \frac{(样本A2 - 样本A1) - (空白A2 - 空白A1)}{(校准A2 - 校准A1) - (空白A2 - 空白A1)}$$
$$\times 校准品浓度(4.3mmol/L)$$

8.2.5　肝组织切片

给药第 16 天处死动物，取新鲜肝脏，称重，然后取肝左叶组织，切成 2mm 小块后，用 10%中性甲醛固定，经过乙醇脱水，二甲苯透明，浸蜡，石蜡包埋，切片，苏木精-伊红染色封片后，在光学显微镜下观察组织结构（原雪梅等，1995）。

8.2.6　统计分析

实验数据采用 SPSS 10.0 统计软件进行统计分析。

8.3　结果与讨论

8.3.1　急性毒性实验

小鼠急性毒性实验结果见表 8-2。益心酮阳性对照组、山里红叶提取物治疗组、牡荆素治疗组、山里红叶转化物治疗组、山里红叶转化物超细微粉治疗组给药后 3～4 小时短暂出现活动迟缓现象后恢复，连续观察 7 天无小鼠死亡。给药最大剂量已超过 60kg 成人用量的 18 倍，由于受给药体积和给药浓度的限制，无法测出小鼠的最大耐受量和半数致死量，故认为实验组口服给药是安全的。

表 8-2　小鼠急性毒性实验

分组	给药剂量（g/kg）	动物数量（只）	死亡数量（只）
正常对照组	0	10	0
益心酮阳性对照组	4	10	0
	6	10	0
	8	10	0
	10	10	0
	12	10	0
山里红叶提取物治疗组	4	10	0
	6	10	0
	8	10	0
	10	10	0
	12	10	0
牡荆素治疗组	4	10	0
	6	10	0
	8	10	0
	10	10	0
	12	10	0
山里红叶转化物治疗组	4	10	0
	6	10	0
	8	10	0
	10	10	0
	12	10	0
山里红叶转化物超细微粉治疗组	4	10	0
	6	10	0
	8	10	0
	10	10	0
	12	10	0

8.3.2　体重变化实验

实验期间正常对照组小鼠精力充沛，灵活好动，饮食正常，皮毛整洁，体重持续增加。不同给药组在灌胃后小鼠均有不同程度的精神萎靡，活动减少，饮食减少，皮毛凌乱，体重增幅较大，给药组动物的精神和饮食明显优于造模组（张文洁等，2008）。由图 8-1 可知，给药前，各组小鼠的平均体重在 21.89～23.01g，体重差异较小，在给药的第 16 天，各组小鼠的平均体重差异较大，小鼠体重增长率由大到小依次是高脂血模型组＞山里红叶提取物治疗组＞牡荆素治疗组＞山里红叶转化物超细微粉治疗组＞正常对照组＞山里红叶转化物治疗组＞益心酮阳性对照组。

结果显示，高脂血模型组比正常对照组小鼠体重增速更快，其他给药组小鼠体重增速介于正常对照组和高脂血模型组之间。各给药组对小鼠体重增长均起到一定的控制作用。

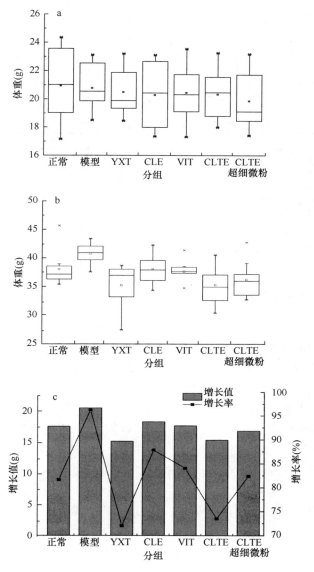

图 8-1　给药前后各组实验小鼠的体重变化

a. 给药前各组小鼠体重（Mean ± SD）；b. 给药后各组小鼠体重（Mean ± SD）；c. 给药后各组实验小鼠体重增长值和增长率。图中，正常代表正常对照组；模型代表高脂血模型组；YXT 代表益心酮阳性对照组；CLE 代表山里红叶提取物治疗组；VIT 代表牡荆素治疗组；CLTE 代表山里红叶转化物治疗组；CLTE 超细微粉代表山里红叶转化物超细微粉治疗组，下同

8.3.3　小鼠肝部脏器系数

实验第 16 天，称量小鼠的体重，摘除小鼠眼球取血，断颈法处死小鼠后，解剖

小鼠取肝脏，再称各组小鼠肝脏的重量。实验结果显示，小鼠总肝重量由大到小的顺序为：高脂血模型组＞山里红叶转化物治疗组＞山里红叶转化物超细微粉治疗组＞益心酮阳性对照组＞山里红叶提取物治疗组＞牡荆素治疗组＞正常对照组。脏器系数与总肝重量顺序相符。各给药组总肝重量和脏器系数均小于高血脂模型组，说明各给药组既能控制体重的增长，同时可对肝重的增长进行调节。

表 8-3　各组小鼠肝部脏器系数（Mean ± SD）

分组	总肝重量（g）	脏器系数
正常对照组	1.96 ± 0.12	0.054 ± 0.011
高脂血模型组	2.83 ± 0.13	0.071 ± 0.010
益心酮阳性对照组	2.23 ± 0.11	0.058 ± 0.004
山里红叶提取物治疗组	2.17 ± 0.15	0.056 ± 0.009
牡荆素治疗组	2.04 ± 0.12	0.054 ± 0.011
山里红叶转化物治疗组	2.42 ± 0.14	0.064 ± 0.008
山里红叶转化物超细微粉治疗组	2.24 ± 0.17	0.060 ± 0.005

8.3.4　高血脂生化指标检测

在临床实验中，TC、TG、HDL-C 和 LDL-C 是判断高血脂的生化指标。本实验通过试剂盒检测各组小鼠血浆中 TC、TG、HDL-C 和 LDL-C 含量，比较不同给药组抗高血脂作用大小。如图 8-2a 所示，与高脂血模型组相比，给药组均具有降低 TC 的作用，各实验组 TC 含量由低到高的顺序为：山里红叶转化物超细微粉治疗组＜正常对照组＜山里红叶转化物治疗组＜益心酮阳性对照组＜山里红叶提取物治疗组＜牡荆素治疗组＜高脂血模型组。如图 8-2b 所示，与高脂血模型组相比，给药组均具有降低 TG 的作用，各实验组 TG 含量由低到高的顺序为：正常对照组＜山里红叶转化物超细微粉治疗组＜牡荆素治疗组＜山里红叶提取物治疗组＜山里红叶转化物治疗组＜益心酮阳性对照组＜高脂血模型组。如图 8-2c 所示，与高脂血模型组相比，给药组均具有升高 HDL-C 的作用，各实验组 HDL-C 含量由高到低的顺序为：山里红叶转化物治疗组＞正常对照组＞牡荆素治疗组＞山里红叶提取物治疗组＞山里红叶转化物超细微粉治疗组＞益心酮阳性对照组＞高脂血模型组。如图 8-2d 所示，与高脂血模型组相比，给药组（除山里红叶转化物治疗组外）均具有降低 LDL-C 的作用，各实验组 LDL-C 含量由低到高的顺序为：山里红叶转化物超细微粉治疗组＜正常对照组＜益心酮阳性对照组＜山里红叶提取物治疗组＜牡荆素治疗组＜高脂血模型组＜山里红叶转化物治疗组。山里红叶转化物超细微粉具有较好的抗高血脂的作用，是因为制备后的山里红叶转化物超细微粉的粒径更小，吸收效果更好，从而提高了药效。

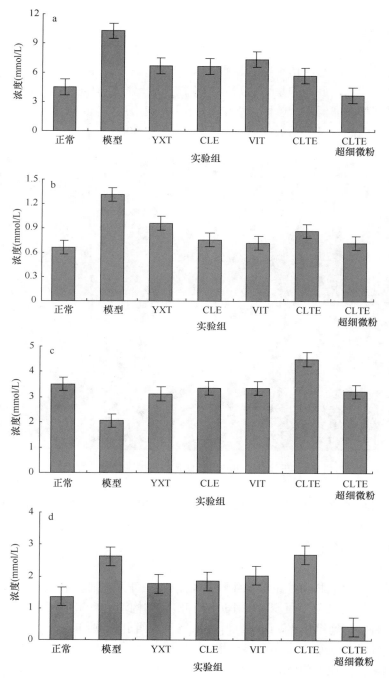

图 8-2　各组实验对 TC（a）、TG（b）、HDL-C（c）和 LDL-C（d）含量的影响

8.3.5　肝组织切片

正常对照组肝组织切片（图 8-3）小鼠无异常病变，肝小叶分界清楚，肝小叶中央为中央静脉，肝细胞呈多边形互相连接形成单层肝板向周围呈放射状排列，细胞核呈圆形或卵圆形，单核，核仁 1～2 个，细胞质丰富，多呈嗜酸性，细胞质中偶有数个脂滴，呈圆形或椭圆形（张文洁等，2008）。

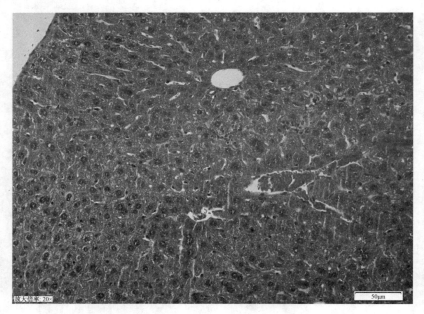

图 8-3　正常对照组肝组织切片（彩图见封底二维码）

高脂血模型组肝组织切片（图 8-4）可见肝细胞内脂肪空泡大小不等，位于细胞质内，以小叶周边区较严重，中心较轻，严重时融合为一大空泡将细胞核挤向细胞膜下。少部分正常肝小叶结构消失，出现假小叶呈肝硬化改变，可见肝细胞坏死及再生。

山里红叶提取物治疗组肝组织切片（图 8-5）可见肝细胞细胞质内脂肪空泡的数量明显比高脂血模型组少，肝小叶没有出现结构消失，出现假小叶呈肝硬化改变。与高脂血模型组相比，山里红叶提取物治疗组肝细胞损伤较轻，脂肪粒较少，表明山里红叶提取物有抗高血脂作用。

牡荆素治疗组肝组织切片（图 8-6）可见肝细胞细胞质内脂肪空泡大小不等，脂肪空泡的数量比高脂血模型组少，以小叶周边区较严重，中心较轻，严重时融合为一大空泡将细胞核挤向细胞膜下，正常肝小叶结构没有消失，也没有出现假小叶呈肝硬化改变。与高脂血模型组相比，牡荆素治疗组肝细胞细胞损伤较轻，脂肪粒较少，表明牡荆素有抗高血脂作用。

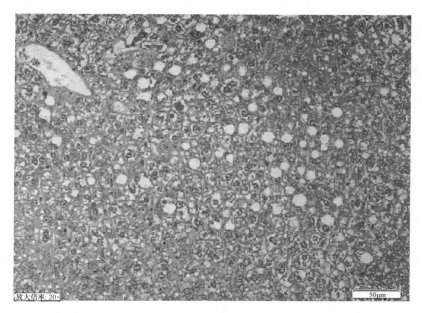

图 8-4　高脂血模型组肝组织切片（彩图见封底二维码）

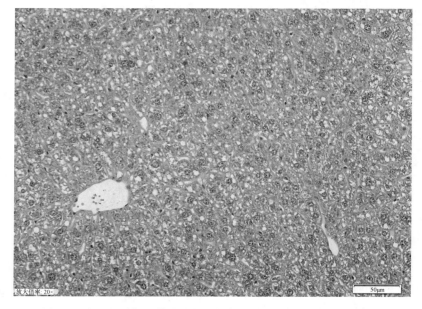

图 8-5　山里红叶提取物治疗组肝组织切片（彩图见封底二维码）

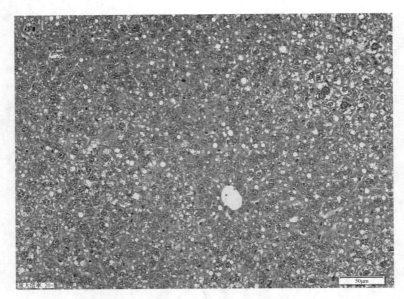

图 8-6 牡荆素治疗组肝组织切片（彩图见封底二维码）

益心酮分散片为预防冠心病、心绞痛和高血脂的药物（朴晋华等，2003）。益心酮阳性对照组肝组织切片（图 8-7）脂肪空泡数量较少，没有出现肝硬化改变，肝细胞损伤较轻，表明益心酮有抗高血脂的作用。

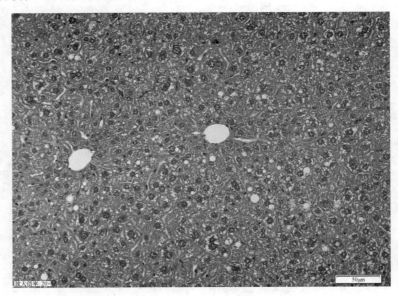

图 8-7 益心酮阳性对照组肝组织切片（彩图见封底二维码）

　　山里红叶转化物治疗组肝组织切片（图 8-8）与正常对照组相比，有轻微的肝细胞损伤，没有脂肪空泡的产生和肝硬化病变。结果表明，山里红叶转化物有很好的抗高血脂引起的脂肪肝的作用，说明经酸转化后，山里红抗高血脂作用增强。

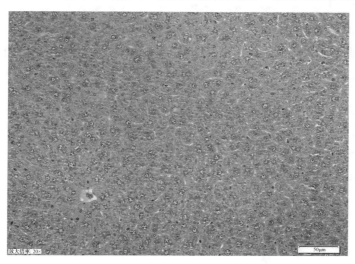

图 8-8　山里红叶转化物治疗组肝组织切片（彩图见封底二维码）

　　山里红叶转化物超细微粉治疗组肝组织切片（图 8-9）与山里红叶转化物治疗组相比，肝组织切片只存在轻微的肝细胞损伤，表明制备后的山里红叶转化物超细微粉均有很好的抗高血脂效果。

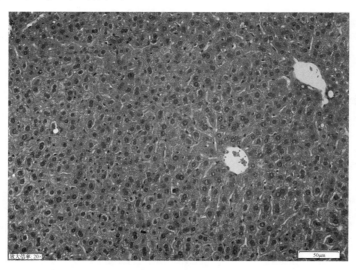

图 8-9　山里红叶转化物超细微粉治疗组肝组织切片（彩图见封底二维码）

8.4 本章小结

本章对山里红叶转化物超细微粉治疗组、山里红叶转化物治疗组、牡荆素治疗组、益心酮阳性对照组和山里红叶提取物治疗组治疗小鼠高血脂的作用进行了研究。给药组能明显降低饮食性高血脂小鼠的 TC 水平，血清中 TC 的含量明显低于高脂血模型组。与高脂血模型组相比，给药组对小鼠血清中 TC、TG 含量的上升均有抑制作用，对 LDL-C 含量的上升均有抑制作用（除山里红叶转化物治疗组外），同时给药组 HDL-C 含量均有所提高。实验结果显示，山里红叶提取物、山里红叶转化物、牡荆素、益心酮和山里红叶转化物超细微粉均具有降低小鼠高血脂的作用，其中山里红叶转化物超细微粉的效果相对较好。

参 考 文 献

陈佳, 宋少江. 2005. 山楂的研究进展. 中药研究与信息, 7(7): 20-23, 26.

崔琳. 2011. 复方连翘-阿莫西林粉剂在猪体内的血药药动学及生物利用度的研究. 东北林业大学硕士学位论文.

邓凤玲. 2009. 藤茶参胶囊的药学研究. 湖北中医学院硕士学位论文.

董六一, 邵旭, 江勤, 等. 2011. 牡荆素对大鼠实验性心肌缺血损伤的保护作用及其机制. 中草药, 42(7): 1378-1383.

杜娟, 张楠楠. 2008. 山里红中总多糖的含量测定. 黑龙江医药科学, 31(4): 21-21.

杜义龙, 李明臣, 王领弟, 等. 2016. HPLC 法测定不同采收期承德产山里红叶牡荆素-4″-O-葡萄糖苷的含量. 承德医学院学报, 33(2): 99-101.

杜义龙, 潘海峰. 2016. HPLC 法同时测定承德山里红叶中绿原酸和牡荆素鼠李糖苷的含量. 山西职工医学院学报, 26(1): 4-8.

付玉杰, 赵文灏, 侯春莲. 2005. 超声提取-高效液相色谱法测定甘草中甘草酸含量. 植物研究, 25(2): 210-212.

高光跃, 冯毓秀. 1995. 山楂类果实的化学成分分析及其质量评价. 药学学报, 1995(2): 138-143.

耿慧春, 满莹, 赵智勇. 2009. 山楂叶化学成分和药理作用研究进展. 中国现代医生, 47(26): 12-13.

郭东杰, 顾成波, 祖元刚, 等. 2014. 牡荆苷纳米混悬剂冻干粉的制备及表征. 植物研究, 34(4): 567-571.

国家药典委员会. 2015. 中华人民共和国药典: 2015 年版. 一部. 北京: 中国医药科技出版社: 30.

韩春辉, 冷爱晶, 英锡相. 2012. 山里红叶化学成分牡荆素及芦丁的分离鉴定. 辽宁中医杂志, 39(10): 2028-2029.

韩军, 宣佳利, 胡浩然, 等. 2015. 金丝桃苷对脑缺血再灌大鼠大脑中动脉舒张作用的机制研究. 中国药学杂志, 50(7): 595-601.

何蓓晖, 陆永娟, 李宝华, 等. 2017. 山楂叶总黄酮对 FXR 及其相关基因调控治疗 NAFLD 模型大鼠的机制研究. 中华中医药杂志, (4): 417-420.

何雅君, 苏娟, 杨茜, 等. 2012. HPLC 同时测定山楂提取物中绿原酸和牡荆素鼠李糖苷的含量. 中国中药杂志, 37(6): 829-831.

黄凯, 杨新波, 黄正明. 2009. 金丝桃苷药理作用研究进展. 药学进展, 28(8): 1046-1048.

靳庆霞. 2014. 浅析山楂的化学成分及药理作用. 内蒙古中医药, 36(66): 62-63.

寇云云. 2012. 山楂中三萜类化合物提取与成分分析. 河北科技师范学院硕士学位论文.

赖珺, 廖正根, 杨明福. 2010. 生物利用度的研究进展. 中国实验方剂学杂志, 16(18): 226-229.

李贵海, 孙敬勇, 张希林, 等. 2002. 山楂降血脂有效成分的实验研究. 中草药, 33(1): 50-52.

李钦章, 陈小佳. 1996. 山楂叶中黄酮甙对离体蛙心的作用. 暨南大学学报(自然科学与医学版), (3): 86-89.

李廷利, 张齐家. 1999. 山里红水浸膏对大鼠体外血栓形成的影响. 中医药学报, (1): 58-58.

李文秀. 2006. 超临界反溶剂过程制备药物超细微粒. 大连理工大学硕士学位论文.

李湘山. 2007. 泼尼松龙超细粉体的制备和表征. 北京化工大学硕士学位论文.

李小康, 郭道义, 范玉兰. 2008. 山楂提取液的杀菌效果及稳定性试验. 中国消毒学杂志, 25(1):

41-43.

李永, 赵修华, 张印. 2016. 喜树碱微粉的制备工艺、溶出及生物利用度特征研究. 中草药, 47(17): 3016-3022.

李云兴, 柴纪严, 吴成举, 等. 2010. 不同采收期山里红叶总黄酮及牡荆素-2″-O-鼠李糖苷含量研究. 中成药, 32(10): 1831-1834.

林杰. 2013. 不饱和脂肪酸的生理功能及其应用发展. 广东化工, 6(40): 92-93.

林学政, 柳春燕, 陈靠山. 2004. 不同地域牛蒡叶绿原酸的含量比较及其抑菌实验. 天然产物研究与开发, 16(4): 328-330.

刘倩, 吴雪, 祁磊, 等. 2017. 辽宁产山里红中总黄酮的含量测定. 辽宁科技学院学报, 19(1): 20-21.

刘全亮, 杨中林. 2008. 不同纯度山楂叶总黄酮降血脂作用的比较研究. 海峡药学, 20(2): 23-25.

刘荣华, 余伯阳. 2006. 山里红叶化学成分研究. 中药材, 29(11): 1169-1173.

刘荣华, 余伯阳. 2007. 山楂叶 HPLC 指纹图谱研究. 中成药, 29 (1): 7-11.

刘荣华, 余伯阳, 陈兰英. 2008. 山里红叶多元酚类成分对大鼠中性粒细胞呼吸爆发的抑制作用. 中国药科大学学报, 39(5): 428-432.

鲁统洁, 赵会英, 杨英禄. 2008. 表面活性剂对山楂叶总黄酮中牡荆素-2″-O-鼠李糖苷的肠道吸收促进作用. 中国新药杂志, 17(2): 129-131.

罗猛, 胡娇阳, 宋卓悦, 等. 2016. 山里红总黄酮季节动态及其与气候因子相关性分析. 植物研究, 36(3): 476-480.

罗猛, 宋卓悦, 胡娇阳. 2015. 超声法提取山里红叶总黄酮及其抗氧化活性研究. 植物研究, 35(04): 632-637.

朴晋华, 董培智, 高天红. 2003. 益心酮片对实验性心肌缺血的保护作用. 中国中药杂志, 28(5): 442-445.

齐桂平. 2010. 十三种酚类化合物的高效液相色谱法研究. 西北大学硕士学位论文.

任杰, 张鹏. 2005. 利用超临界流体沉积技术制备超细粒子. 建筑材料学报, 8(4): 417-422.

邵峰, 谷丽菲, 陈慧娟, 等. 2015. 不同产地山里红野山楂中总黄酮总有机酸含量比较. 时珍国医国药, (1): 11-13.

邵峰, 谷丽菲, 刘荣华, 等. 2014. HPLC 法测定不同产地山里红中表儿茶素含量. 江西中医药, (6): 63-64.

孙阿宁, 任改艳, 邓超, 等. 2014. 牡荆素减轻小鼠溃疡性结肠炎的药效作用及机制研究. 中国药理学通报, 30(12): 1677-1681.

谭静, 常忠义, 高红亮. 2013. 水溶性大豆多糖提取工艺对酸性乳稳定性的影响. 大豆科学, 32(2): 242-245.

田影, 金莉莉, 王秋雨. 2011. 山里红冲剂的制备及其抗氧化与降血脂功能. 食品研究与开发, 32(6): 49-52.

王长明, 张秀芹, 赵莹, 等. 2010. 应用超临界流体制备聚合物超细颗粒的方法. ZL200910236118.3.

王春雷, 芦柏震, 侯桂兰. 2010. 山楂的化学成分、药理作用及临床应用. 海峡药学, 22(3): 75-78.

王军. 2007. 反溶剂重结晶法制备超细喜树碱及其性能研究. 北京化工大学硕士学位论文.

王书华, 杨国栋, 饶娜, 等. 2011. 金莲花中荭草苷和牡荆苷对 D-半乳糖致衰小鼠体内抗氧化作用的影响. 中国老年学杂志, 12(31): 4818-4820.

王亚男. 2015. 牡荆素对小鼠局灶性脑缺血再灌注损伤的保护作用及部分机制研究. 安徽医科大学硕士学位论文.

王哲. 2007. 超临界反溶剂过程制备丙酸倍氯米松颗粒及其性能研究. 北京化工大学硕士学位论文.

王志富. 2008. 难溶性药物微粉颗粒的制备及其性能研究. 北京化工大学硕士学位论文.

魏威, 侯冬岩, 回瑞华. 2009. 气相色谱-质谱联用法比较山里红果肉与核中脂肪酸的含量. 鞍山师范学院学报, 11(4): 31-33.

吴征镒. 1990. 新华本草纲要 第三册. 上海: 上海科学技术出版社.

夏伟, 刘灵, 丘令华, 等. 2012. 废弃 PCB 回收处理技术研究进展. 广东化工, 39(10): 187-191.

闫磊. 2007. 山楂黄酮类成分提取分离及其质量分析研究. 湖北中医学院硕士学位论文.

杨丽, 李海日. 2008. 山里红叶黄酮类成分的研究. 中国现代医生, 46(36): 37-38.

杨连荣, 张哲峰, 于翔龙. 2012. 山里红叶总黄酮对小鼠常压耐缺氧的实验研究. 中医药学报, 40(4): 35-36.

杨文娟, 曹宏伟, 梁春辉. 2012. 山楂叶总黄酮对游离脂肪酸损伤的胰岛 βTC3 细胞的保护作用. 现代生物医学进展, 12(12): 2254-2258.

叶玲. 2012. 外排转运蛋白和药物代谢酶在二萜类化合物生物利用度屏障的作用及其机制. 南方医科大学博士学位论文.

叶希韵, 徐敏华, 李晓峰. 2009. 山楂叶总黄酮降血脂防治鹌鹑脂肪肝形成的实验研究. 复旦学报, 36(2): 142-148.

英锡相. 2007. 山里红叶化学成分及抗脂肪肝作用研究. 沈阳药科大学博士学位论文.

于晓瑾, 张树明, 刘莉, 等. 2011. 黑龙江产山里红叶提取液对血栓的影响. 中医药信息, 28(4): 16-17.

于晓瑾, 周博, 孟鑫. 2015. 黑龙江地产山里红叶醇提液对异丙肾上腺素诱导大鼠急性心肌缺血关键酶的影响. 中国药师, 18(9): 1463-1464.

于晓瑾, 周博, 孟鑫. 2016. 黑龙江地产山里红叶醇提液对急性心肌缺血大鼠血流动力学和血小板凝聚的影响. 中国药师, 19(2): 238-241.

原雪梅, 于翔龙, 张晓芬, 等. 1995. 醒脑安心胶囊质量标准研究. 黑龙江中医药, 6: 39-40.

张鞍灵, 高锦明, 王姝清. 2000. 黄酮类化合物的分布及开发利用. 西北林学院学报, 15(1): 69-74.

张静, 刘艺, 殷飞. 2007. 枇杷叶中熊果酸的提取工艺研究. 食品工业, (3): 22-24.

张文洁, 张春梅, 王冬艳, 等. 2008. 山里红提取物抗脂肪肝作用研究. 中华中医药学刊, 26(3): 559-561.

张元荣, 蒋企洲. 2011. 山楂叶黄酮的抗氧化作用. 药学与临床研究, 3: 287-288.

赵军. 2003. 黄酮类化合物的抗氧作用机制. 华北煤炭医学院学报, 5(3): 306-307.

赵立辉. 2009. 山楂叶中黄酮类化合物提取和纯化方法研究. 天津科技大学硕士学位论文.

赵权. 2013. 不同生长期山里红叶片绿原酸含量的变化. 江苏农业科学, 41(4): 239-240.

中国科学院中国植物志编辑委员会. 2004. 中国植物志 第三十六卷. 北京: 科学出版社: 190.

周少英, 苏静, 阚敏宸, 等. 2016. 山楂叶总黄酮对 2 型糖尿病大鼠血糖血脂和抗氧化能力的影响. 江苏中医药, 48(5): 79-82.

Belle J, Ysasi A, Bennett R D, et al. 2014. Stretch-induced intussuceptive and sprouting angiogenesis in the chick chorioallantoic membrane. Microvasc Res, 95: 60-67.

Bertrand B, Boulanger R, Dussert S, et al. 2012. Climatic factors directly impact the volatile organic compound fingerprint in green Arabica coffee bean as well as coffee beverage quality. Food Chem, 135(4): 2575-2583.

Buzzá H H, Silva L V, Moriyama L T, et al. 2014. Evaluation of vascular effect of photodynamic therapy in chorioallantoic membrane using different photosensitizers. J Photochem Photobiol B, 138(1): 1-7.

Chaharlangi M, Parastar H, Malekpour A. 2015. Analysis of bioactive constituents of saffron using ultrasonic assisted emulsification microextraction combined with high-performance liquid chromatography with diode array detector: a chemometric study. RSC Adv, 5(33): 26246-26254.

Chandra M, Oro I, Ferreira Dias S, et al. 2015. Effect of ethanol, sulfur dioxide and glucose on the growth of wine spoilage yeasts using response surface methodology. PLoS ONE, 10(6): e0128702.

Chang Q, Zuo Z, Harrison F, et al. 2002. Hawthorn. J Clin Pharmacol, 42: 605-612.

Chang S C, Hsu T H, Chu Y H, et al. 2012. Micronization of aztreonam with supercritical anti-solvent process. J Taiwan Inst of Chem Eng, 43(5): 790-797.

Chang Y P, Tang M, Chen Y P. 2008. Micronization of sulfamethoxazole using the supercritical anti-solvent process. J Mater Sci, 43(7): 2328-2335.

Chattopadhyay P, Gupta R B. 2001. Production of griseofulvin nanoparticles using supercritical CO_2 antisolvent with enhanced mass transfer. Int J Pharm, 228: 19-31.

Chirinos R, Rogez H, Campos D, et al. 2007. Optimization of extraction conditions of antioxidant phenolic compounds from mashua (*Tropaeolum tuberosum* Ruiz & Pavon) tubers. Sep Purif Technol, 55: 217-225.

Delazar A, Nahar L, Hamedeyazdan S, et al. 2012. Microwave-assisted extraction in natural products isolation. Methods in Molecular Biology, 864: 89-115.

Ding X P, Wang X T, Chen L L, et al. 2010. Quality and antioxidant activity detection of *Crataegus* leaves using online high-performance liquid chromatography with diode array detector coupled to chemiluminescence detection. Food Chem, 120: 929-933.

Dorta E, Lobo M G, González M. 2012. Using drying treatments to stabilise mango peel and seed: Effect on antioxidant activity. Food Sci Technol, 45: 261-268.

Frishman W H, Beravol P, Carosella C. 2009. Alternative and complementary medicine for preventing and treating cardiovascular disease. DM-Dis Mon, 55(3): 121-192.

Gabriel C, Humana P, Gabriel S, et al. 1998. Dielectric parameters relevant to microwave dielectric heating. Chem Soc Rev, 27(3): 213-224.

Gao P Y, Li L Z, Peng Y, et al. 2010. Monoterpene and lignan glycosides in the leaves of *Crataegus pinnatifida*. Biochem Syst Ecol, 38(5): 988-992.

Ghoreishi S M, Hedayati A, Kordnejad M. 2016. Micronization of chitosan via rapid expansion of supercritical solution. J Supercrit Fluids, 111: 162-170.

González M, Lobo R. 2010. The effect of extraction temperature, time and number of steps on the antioxidant capacity of methanolic banana peel extracts. Sep Purif Technol, 71(3): 347-355.

Huang W, Xue A, Niu H, et al. 2009. Optimised ultrasonic-assisted extraction of flavonoids from *Folium eucommiae* and evaluation of antioxidant activity in multi-test systems *in vitro*. Food Chem, 114(3): 1147-1154.

Kirakosyan A, Seymour E, Kaufman P B, et al. 2003. Antioxidant capacity of polyphenolic extracts from leaves of *Crataegus laevigata* and *Crataegus monogyna* (Hawthorn) subjected to drought and cold stress. J Agric Food Chem, 51(14): 3973-3976.

Klein M, Pulidindi I N, Perkas N, et al. 2012. Direct production of glucose from glycogen under microwave irradiation. RSC Adv, 2(18): 7262-7267.

Krishnaswamy K, Orsat V, Gariépy Y, et al. 2013. Optimization of microwave-assisted extraction of phenolic antioxidants from grape seeds (*Vitis vinifera*). Food Bioprocess Tech, 6(2): 441-455.

Li B, Yan W, Zhang C. 2015. New synthesis method for sultone derivatives: synthesis, crystal structure and biological evaluation of S-CA. Molecules, 20(3): 4307-4318.

Liyana-Pathirana C, Shahidi F. 2005. Optimization of extraction of phenolic compounds from wheat using response surface methodology. Food Chem, 93(1): 47-56.

Lokman N A, Elder A S F, Ricciardelli C, et al. 2012. Chick chorioallantoic membrane (CAM) assay as an *in vivo* model to study the effect of newly identified molecules on ovarian cancer invasion and metastasis. Int J Mol Sci, 13(8): 9959-9970.

Mandana B, Russly A R, Farah S T, et al. 2010. Comparison of different extraction methods for the extraction of major bioactive flavonoid compounds from spearmint (*Mentha spicata* L.) leaves. Food Bioprod Process, 89: 67-72.

Montes A, Merino R, De los Santos D M, et al. 2017. Micronization of vanillin by rapid expansion of supercritical solutions process. J CO_2 Util, 21: 169-176.

Muñiz-Márquez D B, Martínez-Ávila G C, Wong-Paz J E, et al. 2013. Ultrasound-assisted extraction of phenolic compounds from *Laurus nobilis* L. and their antioxidant activity. Ultrason Sonochem, 20: 1149-1154.

Özcetin A, Aigner A, Bakowsky U. 2013. A chorioallantoic membrane model for the determination of anti-angiogenic effects of imatinib. Eur J Pharm Biopharm, 85(3): 711-715.

Pan G Y, Yu G Y, Zhu C H, et al. 2012. Optimization of ultrasound-assisted extraction of flavonoids compounds from hawthorn seed. Ultrason Sonochem, 19(3): 486-490.

Qi X L, Li T T, Wei Z F, et al. 2014. Solvent-free microwave extraction of essential oil from pigeon pea leaves [*Cajanus cajan* (L.)Millsp.] and evaluation of its antimicrobial activity. Ind Crop Prod, 58(1): 322-328.

Reverchon E, Adami R, Campardelli R, et al. 2015. Supercritical fluids based techniques to process pharmaceuticalproducts difficult to micronize: Palmitoylethanolamide. J Supercrit Fluids, 102: 24-31.

Sahin S, Samli R. 2013. Optimization of olive leaf extract obtained by ultrasound assisted extraction with response surface methodology. Ultrason Sonochem, 20: 595-602.

Shriwas A K, Gogate P R. 2011. Ultrasonic degradation of methyl Parathion in aqueous solutions: Intensification using additives and scale up aspects. Sep Purif Technol, 79: 1-7.

Singh A, Bishnoi N R. 2012. Enzymatic hydrolysis optimization of microwave alkali pretreated wheat straw and ethanol production by yeast. Bioresour Technol, 108: 94-101.

Song S J, Li L Z, Gao P Y, et al. 2011. Terpenoids and hexenes from the leaves of *Crataegus pinnatifida*. Food Chem, 129(3): 933-939.

Tavares Cardoso M A, Monteiro G A, Cardoso J P, et al. 2008. Supercritical antisolvent micronization of minocycline hydrochloride. J Supercrit Fluids, 44(2): 238-244.

Thygesen L G, Thybring E E, Johansen K S, et al. 2014. The mechanisms of plant cell wall deconstruction during enzymatic hydrolysis. PLoS ONE, 9(9): e108313.

Treutter D. 2001. Biosynthesis of phenolic compounds and its regulation in apple. Plant Growth Regul, 34(10): 71-89.

Wang J, Sun B G, Cao Y P, et al. 2008. Optimisation of ultrasound-assisted extraction of phenolic compounds from wheat bran. Food Chem, 106: 804-810.

Warrand J, Janssen H G. 2007. Controlled production of oligosaccharides from amylose by acid-hydrolysis under microwave treatment: Comparison with conventional heating. Carbohyd Polym, 69(2): 353-362.

Wei Z F, Jin S, Luo M, et al. 2013. Variation in contents of main active components and antioxidant activity in leaves of different pigeon pea cultivars during growth. J Agric Food Chem, 61(42): 10002-10009.

Wen Y, Chen H G, Zhou X, et al. 2015. Optimization of the microwave-assisted extraction and antioxidant activities of anthocyanins from blackberry using a response surface methodology. RSC Adv, 5(25): 19686-19695.

Xu J, Wu L, Chen W, et al. 2008. Simultaneous determination of pharmaceuticals, endocrine disrupting compounds and hormone in soils by gas chromatography-mass spectrometry. J Chromatogr A, 1202(2): 189-195.

Yan M M, Chen C Y, Zhao B S, et al. 2010. Enhanced extraction of astragalosides from Radix Astragali by negative pressure cavitation-accelerated enzyme pretreatment. Bioresour Technol, 101(19): 7462-7471.

Yao H H, Du X X, Yang L, et al. 2012. Microwave-assisted method for simultaneous extraction and hydrolysis for determination of flavonol glycosides in *Ginkgo* Foliage using Brönsted acidic ionic-liquid [HO$_3$S (CH$_2$)$_4$mim]HSO$_4$ aqueous solutions. Int J Mol Sci, 13(7): 8775-8788.

Yao M, Ritchie H E, Brown-Woodman P D. 2008. A reproductive screening test of hawthorn. J Ethnopharmacol, 118(1): 127-132.

Zhang H F, Yang X H, Zhao L D, et al. 2009. Ultrasonic-assisted extraction of epimedin C from fresh leaves of *Epimedium* and extraction mechanism. Innovative Food Sci Emerg Technol, 10(1): 54-60.

Zhang L F, Liu Z L. 2008. Optimization and comparison of ultrasound/microwave assisted extraction and ultrasonic assisted extraction of lycopene from tomatoes. Ultrason Sonochem, 15(5): 731-737.

Zhao C J, Wang L, Zu Y G, et al. 2011. Micronization of *Ginkgo biloba* extract using supercritical antisolvent process. Powder Technol, 209: 73-80.

Zou T, Wang D, Guo H, et al. 2012. Optimization of microwave-assisted extraction of anthocyanins from mulberry and identification of anthocyanins in extract using HPLC-ESI-MS. J Food Sci, 77(1): 46-50.

附录 1　作者已发表的与本书内容相关的学术论文

1. **Luo M**, Hu J Y, Song Z Y, Jiao J, Mu F S, Ruan X, Gai Q Y, Qiao Q, Zu Y G, Fu Y J. Optimization of ultrasound-assisted extraction of phenolic compounds from *Crataegus pinnatifida* leaves and evaluation of antioxidant activities of extracts. RSC Advances, 2015, 5: 67532-67540.

2. **罗猛**, 宋卓悦, 胡娇阳, 牟璠松, 乔琪, 祖元刚. 超声法提取山里红叶总黄酮及其抗氧化活性研究. 植物研究, 2015, 35(4): 632-637.

3. **Luo M**, Yang X, Hu J Y, Jiao J, Mu F S, Song Z Y, Gai Q Y, Qiao Q, Ruan X, Fu Y J. Antioxidant properties of phenolic compounds in renewable parts of *Crataegus pinnatifida* inferred from seasonal variations. Journal of Food Science, 2016, 81(5): 1102-1109.

4. **罗猛**, 胡娇阳, 宋卓悦, 牟璠松, 于雪莹, 乔琪, 阮鑫, 杨璇, 祖元刚. 山里红总黄酮季节动态及其与气候因子相关性分析. 植物研究, 2016, 36(3): 476-480.

5. **Luo M**, Ruan X, Hu J Y, Yang X, Xing W M, Fu Y J, Mu F S. Microwave-assisted acid hydrolysis to produce vitexin from *Crataegus pinnatifida* leaves and its angiogenic activity. Natural Product Communications, 2017, 12(12): 1869-1872.

6. **罗猛**, 邢文淼, 阮鑫, 杨璇, 牟璠松, 付玉杰. 负压空化法提取山楂属植物 7 种活性成分及其工艺优化. 中国林学会. 第五届中国林业学术大会论文集, 2017: 302.

附录 2　作者正在申请的与本书内容相关的国家发明专利

1. **罗猛**, 牟璠松, 阮鑫, 宋卓悦, 胡娇阳, 邢文淼, 杨璇, 陈民, 焦娇, 盖庆岩, 付玉杰. 一种山里红叶中活性成分的提取方法. 申请号: 201710806165.1, 申请日期: 20170908.
2. **罗猛**, 牟璠松, 阮鑫, 宋卓悦, 胡娇阳, 邢文淼, 杨璇, 陈民, 焦娇, 盖庆岩, 付玉杰. 一种从山里红叶中转化和分离牡荆素的方法. 申请号: 201710806605.3, 申请日期: 20170908.
3. **罗猛**, 牟璠松, 邢文淼, 迟淮书, 宋卓悦, 杨璇, 阮鑫, 陈民. 一种超临界反溶剂制备山里红叶提取物超细微粉的方法. 申请号: 201810340760.5, 申请日期: 20180417.

附录 3　本书主要仪器设备及实验照片

（彩图见封底二维码）

Waters 高效液相色谱仪

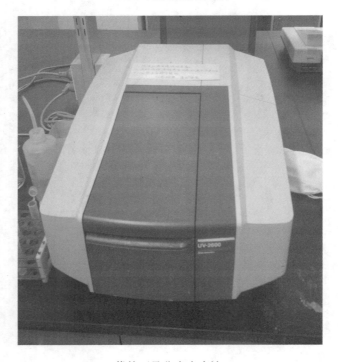

紫外可见分光光度计

Milli-Q 超纯水系统

高速多功能粉碎机

KQ-250DE 型数控超声波清洗器

MAS-II 型微波合成仪

Infinite M200 Pro 多功能酶标仪

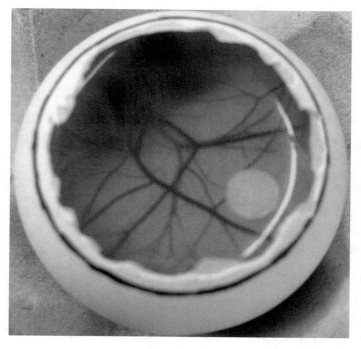

鸡胚绒毛尿囊膜实验

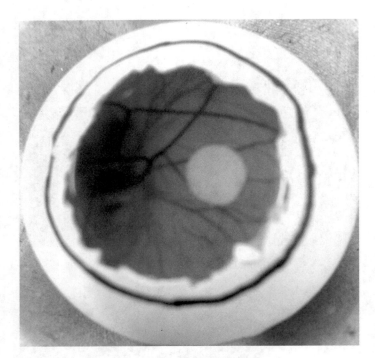

鸡胚绒毛尿囊膜实验

超临界反溶剂纳米制备装置

红外光谱仪

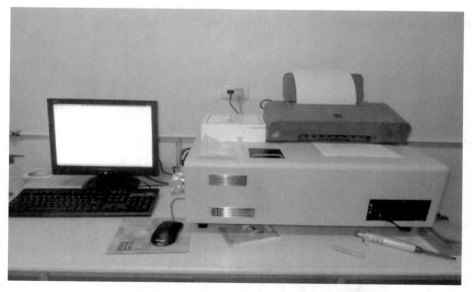

激光粒度仪

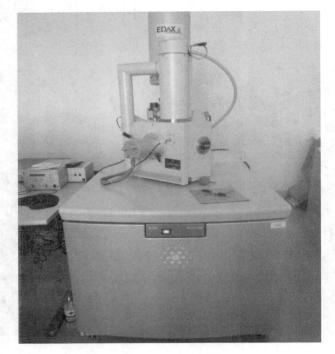

Quanta 200 扫描电镜

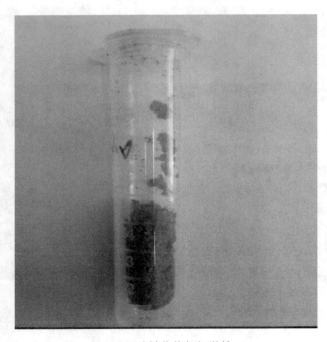

山里红叶转化物超细微粉

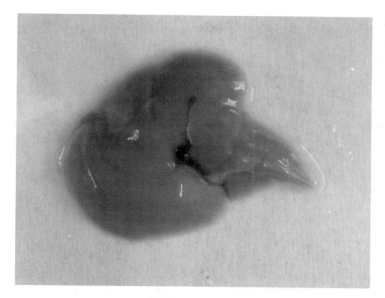

正常对照组小鼠肝脏

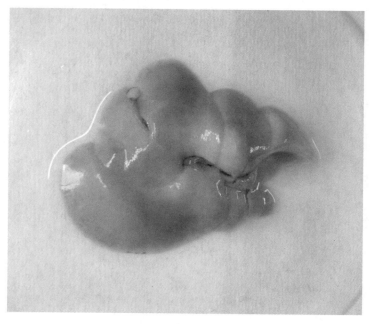

高脂血模型组小鼠肝脏

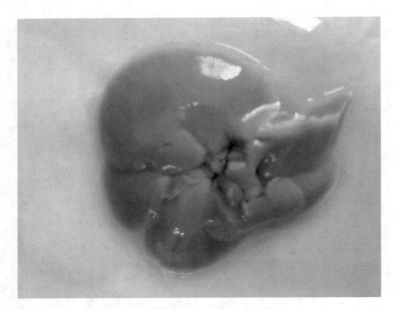

山里红叶提取物治疗组小鼠肝脏

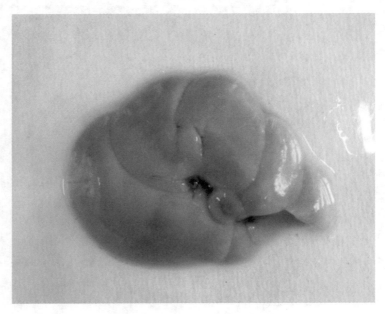

牡荆素治疗组小鼠肝脏

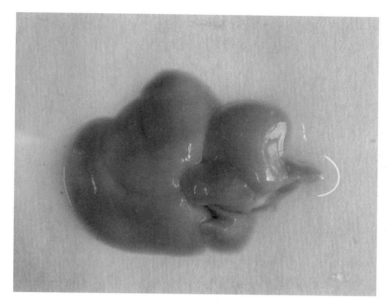

益心酮阳性对照组小鼠肝脏

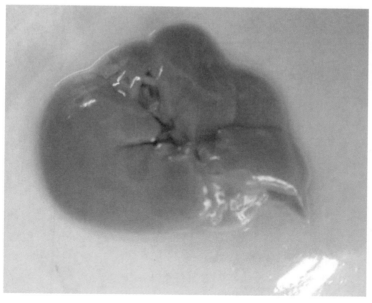

山里红叶转化物治疗组小鼠肝脏

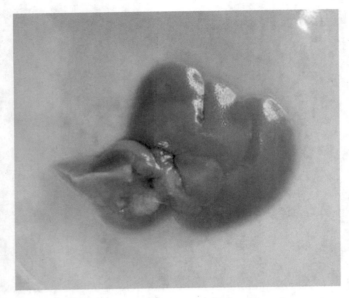

山里红叶转化物超细微粉治疗组小鼠肝脏

编 后 记

　　《博士后文库》（以下简称《文库》）是汇集自然科学领域博士后研究人员优秀学术成果的系列丛书。《文库》致力于打造专属于博士后学术创新的旗舰品牌，营造博士后百花齐放的学术氛围，提升博士后优秀成果的学术和社会影响力。

　　自《文库》出版资助工作开展以来，得到了全国博士后管理委员会办公室、中国博士后科学基金会、中国科学院、科学出版社等有关单位领导的大力支持，众多热心博士后事业的专家学者给予了积极的建议，工作人员做了大量艰苦细致的工作。在此，我们一并表示感谢！

《博士后文库》编委会